Travail des Laboratoires de MM. les Professeurs F. WIDAL et Pierre MARIE

ORIGINE SANGUINE

DES

PNEUMONIES

ET

BRONCHOPNEUMONIES

PAR

Le Dr Édouard JOLTRAIN

ANCIEN INTERNE DES HOPITAUX DE PARIS

PARIS

ASSELIN ET HOUZEAU

LIBRAIRES DE LA FACULTÉ DE MÉDECINE

PLACE DE L'ÉCOLE-DE-MÉDECINE

1911

ORIGINE SANGUINE

DES

PNEUMONIES

ET

BRONCHOPNEUMONIES

ORIGINE SANGUINE

DES

PNEUMONIES

ET

BRONCHOPNEUMONIES

PAR

Le Dr Édouard JOLTRAIN

ANCIEN INTERNE DES HOPITAUX DE PARIS

PARIS

ASSELIN ET HOUZEAU

LIBRAIRES DE LA FACULTÉ DE MÉDECINE

PLACE DE L'ÉCOLE-DE-MÉDECINE

1911

A

MON MAITRE ET PRÉSIDENT DE THÈSE

Monsieur le Professeur Fernand WIDAL

En témoignage de reconnaissance
et de profond attachement.

A Monsieur le Professeur Ernest GAUCHER

———————

A Monsieur le Professeur Pierre MARIE

Hommage de notre respectueuse affection
et de notre gratitude pour la bienveillance
qu'ils nous ont toujours montrée.

A MES MAITRES DANS LES HOPITAUX

Externat.

  M. le Docteur BAZY (Beaujon, 1902-1903).

  M. le Professeur WIDAL (Cochin, 1903-1905).

Internat provisoire.

  M. le Docteur QUEYRAT.
  M. le Docteur RIST.
  M. le Docteur TROISIER.   (1905-1906)
  M. le Docteur DUFOUR.

Internat.

  M. le Docteur G. CAUSSADE (Tenon, 1906-1907).

  M. le Docteur P. CLAISSE (Pitié, 1907-1908).

  M. le Professeur WIDAL (Cochin, 1908-1909).

  M. le Professeur E. GAUCHER (Saint-Louis, 1909-1910).

  M. le Professeur PIERRE MARIE (Bicêtre, 1909-1910).

A MES AUTRES MAITRES DANS LES HOPITAUX
ET LES LABORATOIRES

MM. Pr ACHARD, BABINSKI, BENSAUDE, BOISSARD, BRUHL, GOSSET, MARCEL LABBÉ, POTOCKI, Pr THOINOT, VAQUEZ.

BOREL, Profr DASTRE, DOMINICI, VICTOR HENRI, ISCOVESCO.

A MM. SCHNEIDER, ANDRÉ LEMIERRE, P. ABRAMI.

Que je tiens à remercier de leur collaboration
pour une partie de ce travail.

DU MÊME AUTEUR

Spirochètes dans les chancres (en collaboration avec le Dr Queyrat). *Soc. méd. des hôp.*, 23 juin 1905.

Pachyméningite hémorragique. *Bul. et Mém. Soc. méd. des hôp.*, novembre 1906.

Contribution à l'étude des paralysies pseudo-bulbaires. *Ann. médic. du Centre*, décembre 1906.

Dysenterie amibienne avec abcès du foie d'origine parisienne (en collaboration avec le Dr G. Caussade). *Tribune médicale*, 16 février 1907.

Action des toxines tétaniques de l'épithélium intestinal (en collaboration avec M. G. Caussade). *Soc. de biol.*, 1907.

Chimie physique et biologie. Plasmogenèse et biomécanisme universel. *Journ. d'hygiène*, 25 avril 1907.

Présence de globulines négatives dans le liquide pleural (en collaboration avec MM. Iscovesco et Monier-Vinard). *Soc. de biol.*, 1907.

Action des métaux colloïdaux (en collaboration avec M. Iscovesco). *Presse médic.* 18 mai 1907.

Rupture des valvules aortiques (en collaboration avec M. P. Claisse). *Soc. méd. des hôp.*, 16 janvier 1908.

Modifications apportées aux formules sanguines et cytologiques rachidiennes et pleurales par injection de métaux colloïdaux (en collaboration avec M. G. Caussade). *Soc. méd. des hôp.*, 28 février 1908.

Méningite aiguë syphilitique avec guérison (en collaboration avec M. P. Claisse). *Soc. méd. des hôp.*, 28 février 1908.

Anémie pernicieuse et lésions rénales (en collaboration avec M. Marcel Labbé). *Journ. des mal. du sang et des vaisseaux*, juillet 1908.

Emploi du mercure colloïdal et son mode d'action (en collaboration avec M. P. Claisse). Journal *La Clinique*, 7 août 1908.

Hémorragies au cours de la gangrène pulmonaire (en collaboration avec M. G. Caussade). *Bulletin médical*, 19 août 1908.

Réactions inflammatoires pleuro-pulmonaires. *Ann. médic. du Centre*, 6 septembre 1908.

Ictère hémolytique développé au cours d'une anémie post-hémorragique (en collaboration avec M. le Pr Widal). *Soc. méd. des hôp.*, 6 novembre 1908.

Sporotrichose chez deux membres d'une même famille. Diagnostic immédiat chez l'un et rétrospectif chez l'autre par la spiro-agglut. et la réaction de fixation (en collaboration avec M. le Pr Widal). *Soc. méd. des hôp.*, 27 novembre 1908.

Eosinophilie sanguine et locale dans les sporotrichoses humaines et expérimentales (en collaboration avec MM. Et. Brissaud et A. Weill). *Soc. de biol.*, 20 février 1909. T. LXVI, p. 305.

Étude clinique et anatomique de deux cas d'ictère grave. De l'indication opératoire dans l'ictère grave (en collaboration avec M. le Pr Quénu). *Bull. et Mém. Soc. méd. des hôp.*, séance du 19 mars 1909.

Syphilides zoniformes (en collaboration avec le Dr Druelle). *Annales des mal. vénériennes*, juin 1909.

Biligénie hémolytique locale (en collaboration avec M. le Pr Widal). *Soc. de biol.* 5 juin 1909, tome LXVI, p. 927.

Biligénie hémolytique dans l'hémorragie méningée (en collaboration avec M. le Pr Widal). *Arch. de méd. expérimentale et d'anat. pathologique*, 1909.

Amaurose subite au cours d'une fièvre typhoïde. Œdème de la papille. Hyper, tension du liquide céphalo-rachidien. Guérison rapide après la ponction lombaire (en collaboration avec MM. le Pr F. Widal et A. Weill). *Soc. méd. des hôp.*, 30 juillet 1909.

Propriétés biologiques des leucocytes. Résistance et activité leucocytaires. *Journ. médec. int.*, 30 juillet 1909.

Séro-diagnostic de la syphilis. *Ann. des mal. vénériennes*, août 1909.

Méthodes de simplification du procédé de Wassermann. Mécanisme intime de la réaction (en collaboration avec M. René Bénard). *Ann. des mal. vénériennes*, septembre 1910.

Septicémie puerpérale avec présence dans le sang de chaînettes streptococciques et d'anaérobies. Déterminations pulmonaires. Guérison (en collaboration avec M. P. Claisse). *Journ. de médec. interne*, 20 septembre 1909.

Pneumococcémies avec localisation pulmonaire tardive ; Origine sanguine de la pneumonie franche aiguë (en collaboration avec MM. A. Lemierre et P. Abrami). *Gaz. des hôpit.*, 29 septembre 1909 n° 111.

Purpura chronique de l'angiosclérose. Urobiligénie hémolytique locale. Urobi. linhémie et urobilinurie (en collaboration avec M. le Pr E. Gaucher). *Soc. de dermat. ; Journ. de méd. interne*, 10 octobre 1909, n° 28.

Diagnostic de la syphilis par les nouvelles méthodes. *Folia clinica chimica et microscopica*, vol. II, fasc. II, octobre 1909.

Recherches nouvelles sur la pathogénie des paralysies diphtériques. *Journ. de médec. int.*, 30 octobre 1909.

Résultats de la réaction de Wassermann dans 200 cas de syphilis (en collaboration avec M. le Pr Gaucher). *Soc. de dermat. et de syphiligr.*, 4 nov. 1909.

Chancres syphilitiques multiples. Recherche de la réaction de Wassermann, sa date d'apparition. Influence du traitement (en collaboration avec MM. Gaucher et Fouquet). *Soc. de dermat. et de syphil.*, 4 novembre 1909.

Phagedenisme gangréneux de la verge. Septicémie à anaerobies. Guérison après applications locales d'air chaud et injections intraveineuses d'électrargol (en collaboration avec MM. le Pr E Gaucher et Vignat). *Soc. de dermat. et de syphiligr.*, 4 novembre 1909.

Sero-diagnostic du mycosis fongoïde (en collaboration avec MM. le Pr Gaucher et Brin). *Journ. de médec. int. ; Soc. de dermat.*, 20 novembre 1909, n° 32.

Ictère infectieux chronique, hémolytique, avec splénomégalie chez un hérédo-syphilitique (en collaboration avec M. E. FOURNIER). *Soc. de dermat.*, 4 nov. 1909.

Erythème premycosique avec réaction de fixation positive (en collaboration avec MM. le Pr GAUCHER et FLURIN). *Soc. de dermat. et de syphiligr.*, nov. 1909.

Serodiagnostic mycosique. Applications au diagnostic de la sporotrichose et de l'actinomycose, coagglutinations et co-fixations mycosiques (en collaboration avec MM. le Pr WIDAL, P. ABRAMI, Et. BRISSAUD et A. WEILL). *Ann. de l'Institut Pasteur*). Tome XXIV, janvier 1910.

Propriétes physico-cliniques des colloïdes. Rôle biologique, mode d'action théra-peutique. *Ann. des mal. vénériennes*, janvier 1910.

Syndrome cérébello-choréiforme (en collaboration avec M. le Pr PIERRE MARIE). *Soc. de neurol.*, juillet 1910.

Hernie diaphragmatique de l'estomac et de l'intestin. Mort rapide (en collabo-ration avec M. le Pr PIERRE MARIE). *Soc. méd. des hôp.*, 29 juillet 1910.

Résultats comparés de la méthode de Wassermann et d'un nouveau procédé de simplification pratique (en collaboration avec M. RENÉ BENARD). *Soc. de biol.*, 30 juillet 1910, t. LXIX, p. 241. *Tribune médic.*, septembre 1910.

A propos des nouvelles méthodes thérapeutiques de la syphilis (préparation EHRLICH et HECTINE). *Ann. des mal. vénériennes*, décembre 1910.

Sur la valeur comparée de l'arsenic organique et du mercure dans le traitement de la syphilis (en collaboration avec le Pr Gaucher). *Académie de Médecine*, 15 novembre 1910.

Résultats fournis par la recherche de la réaction de Wassermann chez les hospitalisés de Bicêtre. *Journ. de méd. int.*, octobre 1910.

Syphilis des poumons et origine sanguine des pneumopathies (en collaboration avec M. CH. FOUQUET). *Ann. des mal. vénériennes*, 1911.

Nouvelles méthodes de sero-diagnostic (3e édit). 1 vol. in-8, 240 pages, Maloine, Editeur, Paris. 1911.

ORIGINE SANGUINE

DES

PNEUMONIES ET BRONCHO-PNEUMONIES

INTRODUCTION

La pathologie a singulièrement bénéficié, en ces dernières années, de l'application systématique de l'hémoculture aux maladies infectieuses.

A la lumière des données fournies par ce procédé moderne d'investigation, la notion de la fréquence des septicémies fût définitivement établie, tandis qu'à la conception ancienne des infections locales se substituait peu à peu celle des maladies générales.

De multiples constats de l'invasion microbienne du sang ont éclairé la pathogénie des diverses complications survenues, loin du foyer originel, au cours des infections.

C'est ainsi que la fièvre typhoïde était considérée il y a quelques années encore comme le type le plus achevé des infections intestinales. Si pendant longtemps les observateurs furent impuissants à déceler le bacille dans le sang, lorsque la technique se modifia, le nombre des recherches couronnées de succès s'accrut notablement.

On peut même considérer à l'heure actuelle la présence du bacille d'Eberth dans le sang au cours de la typhoïde comme la règle, non seulement à la période d'état, mais encore à la période d'incubation.

Ainsi cette affection qui nous apparaissait comme un type d'affection locale, représente actuellement la septicémie humaine par excellence.

Il serait facile de multiplier les exemples et de citer les septicémies streptococciques, gonococciques, tuberculeuses, staphylococciques, méningococciques, pesteuses, charbonneuses, dysentériques, mycosiques, etc. On tend à en élargir sans cesse le cadre et, dans la plupart des infections, non seulement la voie sanguine nous apparaît actuellement comme la plus logique, mais de jour en jour on la voit en outre se révéler comme la plus commune.

La présence de gonocoques dans le sang, dans l'endocarde, et dans les articulations atteintes de rhumatisme blennorragique, montre la fréquence des septicémies gonococciques. Aux anciennes discussions sur la pathogénie des accidents s'est peu à peu substituée la notion plus logique et plus simple de gonococcémie.

Les septicémies anaérobies, assez fréquentes au cours d'infections buccales, cutanées ou utérines, sont souvent méconnues, mais se montrent plus fréquentes depuis qu'on songe à les rechercher d'une manière systématique. C'est ainsi que des abcès du cerveau. des foyers de gangrène pulmonaire, des pleurésies putrides, reconnaissent comme origine une véritable embolie microbienne anaérobique.

Les anciennes distinctions qu'on avait tenté d'établir entre les maladies microbiennes et parasitaires disparaissent de plus en plus. De récents travaux sont venus démontrer la fréquence des lésions produites par des champignons ou des levures pathogènes, comme les saccharomyces, l'actinomycose, la sporothricose, les oosporoses, les aspergilloses, etc. Ces différentes mycoses se comportent comme de véritables maladies infectieuses, dont elles affectent d'ailleurs toutes les allures cliniques.

Ainsi donc, les septicémies nous sont aujourd'hui bien connues ; il convient seulement de définir exactement ce mot et de comprendre sous ce terme général, non seulement la reproduction dans le sang circulant des agents pathogènes, fait d'ailleurs difficile à déterminer, mais encore le simple passage de microbes dans le sang.

La clinique nous apprend à établir entre ces divers cas une distinction capitale. Tantôt la septicémie s'accompagne d'un cortège symptomatique imposant de signes physiques, fonctionnels et surtout généraux. Tantôt, au contraire, — c'est un point que nous chercherons à démontrer en en multipliant les exemples, — tout se passe silencieusement, la phase septicémique reste inaperçue et c'est par la constatation d'une lésion locale qu'on est appelé à reconnaître une septicémie qui est restée plus ou moins longtemps latente sans déterminer aucun syndrome clinique.

Cette notion de septicémie latente s'impose, comme nos recherches tendent à le démontrer ; on en connaît déjà des exemples.

Le gonocoque, pour déterminer le rhumatisme blennorragique, passe par la voie sanguine, sans qu'aucun symptôme ne révèle sa présence.

C'est ce qui se passe également dans certaines maladies parasitaires. On sait, par exemple, que la maladie du sommeil, qui est surtout une lepto-méningite, n'est que l'aboutissant de l'infection sanguine trypanosomiasique, qui chez certains sujets se traduit par une fièvre irrégulière (fièvre de Gambie) et qui, chez d'autres, en particulier les nègres, peut rester latente pendant des années. C'est même une opinion courante sur la côte occidentale d'Afrique, qu'un nègre venu des régions infectées peut avoir de la trypanosomiase latente et l'on doit attendre au moins sept ans avant d'acquérir la certitude qu'il n'est pas atteint de maladie du sommeil.

Le paludisme est un type de septicémie latente chronique.

Le parasite, dans l'intervalle des manifestations fébriles, continue à vivre dans le sang et dans les organes hématopoiétiques, et chaque phase aiguë de la maladie correspond à une phase de reproduction du parasite.

Dans la filariose, les embryons de filaires apparaissent dans la circulation, soit le jour (*Filaria diurna*) soit la nuit (*Filaria nocturna*), soit même d'une façon constante (*Filaria perstans*). Le malade qui en est atteint peut ne présenter aucun symptôme, comme, à un autre moment, la chylurie, une ascite chyleuse, des varices lymphatiques traduiront l'obstruction des voies de la lymphe par les filaires adultes ou les embryons de filaires. Un tel malade reste constamment dans un état septicémique et, fait important au point de vue de la contagion, est susceptible d'infecter un sujet sain.

On connaît d'ailleurs, depuis quelques années, le rôle joué par les « porteurs de bacilles ».

Il nous serait aisé de multiplier les exemples du même genre, et l'on concevra sans peine le nombre de septicémies insoupçonnées.

Le passage des microbes est souvent, en effet, de très courte durée. Le sang est, pour un grand nombre d'agents pathogènes, un mauvais milieu. Pendant de longues années même on a insisté, avec quelque exagération d'ailleurs, sur les propriétés bactéricides du sérum.

Enfin, notre organisme possède des immunités, en quelque sorte, naturelles, locales ou générales, pour un certain nombre de microbes.

Lorsque ceux-ci pénètrent dans le sang, ils sont souvent détruits ou perdent leurs propriétés biologiques essentielles de reproduction, grâce à la présence de certains anticorps. Ils peuvent, dans d'autres cas, être éliminés rapidement par les reins, et il est alors possible de les retrouver dans les urines. Mais le plus fréquemment ils quittent rapidement un milieu qui leur est peu favorable et vont se cantonner dans les tissus.

Ainsi, lorsque les symptômes physiques traduisant l'envahissement d'un organe déterminé viennent à se montrer, il est déjà trop tard pour saisir la phase septicémique. Les microbes ont disparu du sang et l'ensemencement reste stérile.

Il convient d'insister sur ces faits. Quelque fréquentes que puissent être les septicémies humaines, elles le sont plus encore que nos moyens d'investigation scientifique ne nous permettent de le démontrer.

Lorsque parurent les premiers travaux sur les infections microbiennes généralisées, qui sont encore de date récente, c'est à peine si l'on soupçonnait les septicémies animales. Les lésions locales, se traduisant toujours par un syndrome clinique, attirèrent d'abord l'attention ; la présence d'un microbe dans le sang paraissait moins importante. Ainsi s'établit pour la plupart des infections la théorie si longtemps classique et aujourd'hui encore admise par un grand nombre d'auteurs : la septicémie qui apparaît au cours d'une affection déterminée n'est qu'une complication.

Les tendances pathogéniques actuelles sont dirigées dans un autre sens : elles considèrent les lésions multiples provoquées par un même agent microbien dans les tissus les plus divers, comme étant sous la dépendance de la septicémie initiale, que celle-ci se soit ou non traduite par des symptômes cliniques évidents.

Ainsi s'oppose actuellement à l'idée de septicémie secondaire, la notion plus importante à connaître de septicémie primitive.

Il est une affection en particulier dont l'histoire naturelle nous est maintenant bien connue et qui peut constituer un remarquable exemple pour mieux faire comprendre cette conception générale. Il s'agit de la syphilis. Son agent pathogène, le tréponème pâle, n'est plus actuellement mis en doute et sa spécificité est universellement reconnue. Les divers stades parcourus par l'infection sont ici des plus faciles à observer, puisqu'ils se traduisent par des symptômes particuliers et caractéristiques. Le chancre d'inoculation, pendant les premiers jours, contient des tréponèmes en abondance; puis ceux-ci gagnent rapidement les voies lymphatiques, où il est facile de les retrouver sur des coupes dès l'apparition du chancre. Ils subissent habituellement un temps d'arrêt dans le ganglion et, pour certains auteurs, y colonisent. Le processus ne s'arrête guère à cette étape, ce qui fait comprendre les insuccès des méthodes de traitement basées sur l'extirpation d'un foyer dont les limites sont déjà franchies. L'agent pathogène pénètre dans la circulation sanguine, et si les méthodes actuelles ne permettent pas de saisir son passage, cette étape septicémique se traduit cliniquement par l'apparition des phénomènes secondaires. Dans les macules de la roséole, dans les syphilides, comme dans les plaques muqueuses, on retrouve une quantité de tréponèmes.

Puis survient alors cette longue phase de silence qui constitue le plus bel exemple de microbisme latent et pendant laquelle lentement s'organisent les processus de sclérose, les lésions organiques artérielles et nerveuses. La syphilis demeure donc une tréponémose à rechutes. Enfin se montrent des accidents multiples du tertiarisme : les uns doivent être mis directement sur le compte de l'agent pathogène, récemment décelé d'ailleurs dans les gommes précoces; les autres représentent les ultimes conséquences des lésions organiques constituées.

Les réactions de fixation ont permis enfin de reconnaître dans le serum des syphylitiques des anticorps spécifiques.

Les inoculations de la plupart des grandes septicémies humaines se font en des points déterminés qui paraissent toujours les mêmes. Ce sont les cavités naturelles, principalement les premières voies digestives et la peau, qui sont en effet les plus septiques, les plus exposées aux traumas divers, souvent aussi les plus faiblement défendues contre la pénétration des germes pathogènes dans la profondeur des tissus.

Il est remarquable de noter qu'il existe normalement, et d'une manière constante, dans notre bucco-pharynx, les microbes habituels des septicémies les plus communes. Le staphylocoque, le bacille de Koch, et de nombreux anaérobies se retrouvent fréquemment dans la salive des individus sains.

Il suffit de certaines conditions étiologiques ou épidémiologiques déterminées, pour y voir apparaître des agents pathogènes plus rares, comme par exemple le méningocoque. Ils vivent sans doute en saprophytes, mais peuvent conserver toute leur virulence — le fait est démontré en particulier pour un microbe dont nous aurons spécialement à nous occuper : le pneumocoque. La salive qui en contient détermine chez la souris inoculée une septicémie rapidement mortelle.

La structure anatomique de l'appareil réticulé lymphoïde de cette région explique aisément que la barrière opposée à l'invasion microbienne à ce niveau soit singulièrement faible. Les processus inflammatoires sont fréquents ; le passage de microbes dans le sang, au cours des angines, n'est pas rare.

La peau, exposée à tous les grands facteurs étiologiques des maladies infectieuses, aux intempéries, et au traumatisme en particulier, offre par sa structure anatomique, sa vascularisation et sa surface, un vaste champ d'inoculation.

Il n'est pas rare de voir une blessure, parfois même insignifiante, réaliser d'une manière presque expérimentale toutes les phases d'un tableau général d'infection avec le point d'inoculation, l'étape lymphatique et l'étape sanguine. Ces phases peuvent même être très rapprochées et leur évolution très rapide ; l'exemple le plus net en est fourni par la piqûre anatomique, qui peut si souvent brûler les étapes et aboutir à la mort.

Le tube digestif dans tout son trajet, et en raison même de la toxicité et de la septicité constante de son contenu, est un organe qui, logiquement, pouvait être considéré comme une des portes d'entrée les plus fréquentes. Les dernières expériences entreprises sur ce sujet permettent de conclure qu'il faut des circonstances bien particulières pour que les microbes contenus dans l'estomac ou l'intestin passent à travers les parois particulièrement résistantes.

Les fosses nasales, également septiques d'une manière constante, peuvent bien constituer le point de départ d'infections. Mais déjà l'appareil de défense est mieux organisé, les processus inflammatoires les plus intenses ne peuvent guère détruire complètement les cellules à cils vibratiles qui tapissent l'épithélium. Si l'envahissement de proche en proche peut tout d'abord paraître séduisant pour expliquer la production de certaines inflammations méningitiques, cette voie d'apport est loin d'être démontrée. Les auteurs modernes acceptent plus volontiers la pensée d'une septicémie qui, secondairement, se localise sur une des cavités séreuses les plus sensibles de l'économie, l'espace sous-arachnoïdo-piemérien.

Le vagin et surtout la cavité utérine sont, chez la femme, une des voies d'entrée les plus communes des septicémies.

Reste enfin l'appareil respiratoire, considéré pendant si longtemps comme une voie ordinaire de contamination. Nous sommes persuadé, pour notre part, que cette théorie est le plus souvent inexacte et que ses lésions, comme nous espérons le démontrer, sont elles-mêmes secondaires à des septicémies. C'est ce point particulier *qui constituera, au moins en partie, le sujet de ce travail.*

Le microbe en circulation dans le sang va se localiser dans les tissus les plus divers, et c'est alors qu'intervient une des questions les plus passionnantes, mais les plus obscures de la pathologie générale : celle du *déterminisme microbien.*

Il est relativement facile d'en citer, en pathologie courante, de nombreux exemples. Le gonocoque affecte l'articulation, le bacille d'Eberth l'appareil lymphoïde de l'intestin grêle, la dysenterie le côlon, le méningocoque les méninges, le sporotrichum le revêtement cutané, etc.

C'est une notion bien acquise, que toute cause susceptible de déterminer une meïopragie passagère de tel ou tel organe peut entraîner la localisation sur celui-ci d'un processus infectieux jusque-là resté silencieux.

Il est depuis longtemps avéré que le froid, par exemple, est une des causes favorisantes les plus importantes des maladies infectieuses.

La conclusion qui s'impose à la suite de tous ces faits, c'est que la notion de bacillémie domine toute l'histoire de la plupart des infections.

En résumé, trois concepts nous apparaissent ainsi comme logiques et démontrés :

1° *Les bacillémies peuvent évoluer d'une façon latente.*

2° *Les causes autrefois considérées comme favorisant le développement local d'une infection doivent être plutôt tenues pour modificatrices des propriétés humorales de défense et de résistance aux agents microbiens.*

Une conception nouvelle et rationnelle de leur rôle les doit faire envisager comme avant tout provocatrices de la bacillémie initiale.

3° *La plupart des lésions de nature infectieuse, cliniquement constatées dans les principaux organes et que l'on serait tenté de considérer tout d'abord comme primitives, revêtent de plus en plus le caractère de manifestations secondaires de ces septicémies, telle localisation correspondant le plus ordinairement à telle variété de bacillémie.*

Nous espérons pouvoir démontrer que cette interprétation des faits est susceptible de s'appliquer à un grand nombre d'affections locales. L'origine ascendante des infections d'organes comme le rein, le foie, le pancréas, la parotide, et la plupart des organes glandulaires, est actuellement abandonnée ou tout au moins limitée à certains cas exceptionnels.

Les examens anatomo-pathologiques liés aux analyses bactériologiques des urines et aux nouveaux procédés d'exploration du rein, montrèrent que, dans les conditions normales,
un microbe ne peut remonter le cours de l'urine pour aller
coloniser dans le rein. Pour réaliser la pyélonéphrite par
cette voie, les expérimentateurs devaient se mettre en dehors
des conditions normales de l'infection.

Il en fut bientôt de même pour toutes les infections canaliculaires ; les parotidites sont le plus souvent d'origine sanguine, comme dans les oreillons, dont l'agent pathogène peut
frapper simultanément deux glandes très éloignées comme
la parotide, d'une part, le testicule ou l'ovaire, d'autre
part.

Enfin, dernièrement, de très intéressantes recherches
entreprises par MM. Lemierre et Abrami sur les infections
des voies biliaires vinrent encore à l'appui de cette nouvelle
doctrine générale. Il ne s'agit pas dans les angiocholécystites,
comme on le croyait, il y a quelques années, de lésions produites par les microbes venus du duodénum septique, ayant
remonté le cours de la bile dans les canaux biliaires pour
aller infecter la vésicule, mais il s'agit en réalité de septicémies
avec apport local des germes par la voie sanguine.

Nous chercherons à faire, au cours de ce travail, la preuve
de la fréquence de la septicémie latente et l'application
de cette notion de bacillémie primitive aux affections *pleuro-
pulmonaires*. C'est précisément dans le domaine de l'appareil
respiratoire qu'apparaîtra le plus manifestement l'opposition
entre cette manière de voir et les théories jusqu'ici admises
sur la pathogénie de ces affections. Nous sommes convaincu
qu'il ne saurait exister de meilleure preuve de leur origine
sanguine. Il faut bien reconnaître, d'ailleurs, que si ce mode
d'interprétation paraît parfaitement légitime pour expliquer
les lésions d'organes qui ne sont en relations avec le milieu
infecté que par l'intermédiaire de l'appareil circulatoire, il
n'en est pas de même pour certains tissus tel que le paren-

chyme pulmonaire en communication directe avec le milieu extérieur.

Il est évident, par exemple, que la théorie de l'origine aérienne des diverses inflammations du poumon apparaît à *priori* comme la plus logique. Elle est d'ailleurs la plus séduisante, parce qu'elle est la plus simple.

Les raisons qui militent en faveur de cette origine aérienne peuvent se grouper sous divers chefs.

La disposition anatomique de l'arbre bronchique qui permet la communication permanente entre les alvéoles et l'air extérieur, et la déclivité du tube laryngo-trachéal, constituent les raisons anatomiques. La septicité constante des fosses nasales et du rhino-pharynx, la fréquence des processus inflammatoires du larynx et de la trachée amenant la desquamation épithéliale et provoquant la disparition des moyens mécaniques de défense, sont d'autres arguments qui devaient faire concevoir les voies respiratoires supérieures, comme une des plus fréquentes portes d'entrée d'infection. L'expérimentation elle-même avait permis à de nombreux auteurs de réaliser par cette voie des inflammations spécifiques du parenchyme pulmonaire et ne faisait que confirmer cette notion pathogénique. Nous pensons, cependant, pouvoir démontrer qu'elle est l'exception, et l'étude que nous poursuivons depuis quelques années des manifestations pleuropulmonaires au cours des septicémies, ne nous a jamais permis de vérifier l'exactitude de l'origine aérienne des lésions constatées.

Les lésions pleuro-pulmonaires sont des plus fréquentes au cours des grandes septicémies, et il est facile de fournir à ce sujet un certain nombre de faits probants pour éliminer en outre l'objection que l'on pourrait faire de la co-existence possible, au cours d'infections généralisées, de lésions pulmonaires locales, c'est-à-dire d'une sorte de processus, d'origine aérienne, superposé. On peut en trouver de nombreux exemples. Dans la fièvre typhoïde, outre la fréquence des signes de bronchite généralisée au cours de l'affection, il existe des pleurésies et des pneumonies dues manifestement à la localisation sur la plèvre ou le poumon du bacille d'Eberth.

Il n'existe pas de fait plus démonstratif à cet égard que ceux qu'on peut puiser dans l'histoire clinique de deux septicémies déjà plus rares : la morve et la peste.

L'on ne peut provoquer expérimentalement la forme de morve dite tuberculeuse pulmonaire, qu'en faisant ingérer le bacille de la morve.

Dans certaines épidémies de peste, on trouve les poumons presque exclusivement atteints, et il existe une forme pneumonique que l'on peut, comme nous le verrons, reproduire expérimentalement par l'introduction dans les veines de bacilles de Yersin.

On voit ainsi, non seulement combien les déterminations pleuro-pulmonaires et bronchiques sont fréquentes au cours des septicémies, mais encore on conçoit qu'un grand nombre de pneumopathies soient d'origine hématogène certaine. Nous comptons apporter de nombreux faits en faveur de cette thèse qui fait l'objet de ce travail.

Il nous a été donné d'observer des faits que nous exposerons, prouvant de façon indiscutable l origine sanguine de la pneumonie.

Nous avons observé des malades ayant présenté tous les caractères d'un état septicémique avant l'apparition des symptômes révélant l'atteinte pneumonique du parenchyme pulmonaire.

La succession des phénomènes qui se sont déroulés chez nos malades nous semble difficilement acceptable si l'on adopte la pathogénie classique de la pneumonie. L'hémoculture ayant montré l'existence de cette septicémie, bien avant l'apparition d'un foyer de pneumonie lobaire, il nous paraît rationnel de considérer la détermination pulmonaire comme une conséquence de la pneumococcémie préalable. Mais il est difficile, croyons-nous, de regarder ces observations comme des faits particuliers, et d'admettre, pour des pneumonies à symptomatologie classique, une pathogénie différente. Nous montrerons, en effet, qu'aucune constatation précise n'a jamais démontré chez l'homme la pénétration du pneumocoque par voie aérienne. Au contraire, l'infection du poumon par voie circulatoire peut rendre compte de toutes les particularités anatomo-pathologiques et cliniques de cette maladie.

Cette théorie paraît d'ailleurs avoir été admise par un certain nombre d'auteurs à la suite d'un premier travail publié par nous avec MM. LEMIERRE et ABRAMI sur cette question.

Nous ne saurions mieux faire que de reproduire le passage de l'article récent de MM. LANDOUZY et GRIFFON sur la pneumonie dans le nouveau *Traité de médecine* de MM. GILBERT et THOINOT :

« Les moyens de défense naturelle de l'organisme, les revêtements épithéliaux, la phagocytose suffisent, en temps de paix, à la police des cavités aériennes qui normalement se trouvent dépourvues de tout microorganisme. Vienne un élément perturbateur dans la qualité et la quantité des moyens de défense, et l'équilibre sera rompu ; le pneumocoque émigrera des voies aériennes supérieures, dont il est l'hôte habituel, descendra dans le parenchyme pulmonaire, et prenant possession de la place, trouvant des conditions favorables de développement, le diplocoque allumera le foyer d'hépatisation pneumonique. Telle est la conception pathogénique classique. Tout récemment, LEMIERRE, ABRAMI et JOLTRAIN en ont proposé une toute différente. Pour ces auteurs, l'infection du poumon, loin de se faire par la voie descendante trachéo-bronchique, résulterait d'un apport par la voie sanguine. La pneumonie franche aiguë, analogue en cela à d'autres pathies pulmonaires, typhoïdique, pesteuse, gangreneuse, etc., ne serait que la détermination sur le poumon d'une infection sanguine préalable. La pneumopathie apparaîtrait ainsi, de toutes pièces, fonction de la septicémie diplococcique ; la pneumonie sortant définitivement du cadre des affections locales pour rentrer dans celui des maladies générales...

« Pour séduisante que paraisse la conception précédente, elle n'en resterait pas moins hypothétique, si des faits, dont certains ont la valeur d'une expérience, ne lui apportaient un réel appoint. La pratique systématique de l'hémoculture montre souvent chez le pneumonique, le pneumocoque en circulation dans le sang ;... d'autre part, la clinique humaine, nous permet de voir réaliser des pneumonies lobaires à pneumocoque qui, bien qu'évidemment d'origine sanguine, ne diffèrent en rien des pneumonies supposées d'origine aérienne. C'est ainsi, qu'au cours de la transmission intra-utérine de la pneumococcie de la mère au fœtus, ce dernier peut présenter des foyers de pneumonie lobaire typique, tantôt isolée, tantôt associée à d'autres localisations de la pneumococcémie...

« *Envisagée de la sorte, la pneumonie franche aiguë nous apparaît comme la localisation métastatique par excellence de la septicémie pneumococcique.* »

Après avoir passé en revue les faits entièrement connus qui justifient déjà notre conception, nous chercherons, dans les faits cliniques qu'il nous a été donné d'observer, des arguments susceptibles de lui apporter, croyons-nous, un appoint décisif.

Nous étudierons, tout d'abord, la pneumonie d'origine sanguine chez l'adulte, chez l'enfant et chez le vieillard. Nous rapporterons des faits intéressants de pneumonie fœtale, dont l'origine ne saurait être mise en doute. Nous verrons les arguments cliniques que l'on peut tirer en faveur de cette opinion de l'étude systématique des pneumonies traumatiques et post-opératoires. Nous rapprocherons enfin, de ces diverses observations, toutes les déterminations pulmonaires à pneumocoque et principalement les broncho-pneumonies qui se montrent au cours d'états septicémiques. avérés.

L'anatomie pathologique des divers cas dont nous rapporterons les observations, nous permettront, en outre, de donner de nouveaux arguments à cette thèse.

L'étude méthodique des réactions humorales que nous avons entreprise chez un grand nombre de malades atteints de pneumopathies aiguës est également des plus intéressante à ce point de vue. Elle nous semble en particulier démontrer la fréquence des septicémies latentes qui nous permettront d'établir un essai de pathogénie générale.

Cette conception nouvelle doit en effet, à notre avis, présenter non seulement un intérêt au point de vue de la pathologie générale, mais encore posséder une réelle valeur pratique. Cette théorie, en effet, permet aisément de porter dans bien des cas, au cours des affections pulmonaires un pronostic différent et surtout, en traitant les pneumopathiques comme des septicémiques, d'établir une thérapeutique précoce, rationnelle et raisonnée.

LIVRE PREMIER

ETUDE CLINIQUE DES PNEUMOPATHIES AIGUES HÉMATOGÈNES

CHAPITRE PREMIER

PNEUMONIES ET BRONCHO-PNEUMONIES
A PNEUMOCOQUES

Pneumonie de l'adulte.

La constatation si fréquente de l'envahissement du sang
par les microbes n'a pas eu seulement pour effet d'éclairer
la pathogénie des complications qui surviennent au cours
des infections loin du foyer originel, elle a même modifié
la conception que l'on se faisait de la nature de certaines
maladies microbiennes.

Hier encore considérées comme affections d'un organe
déterminé, ces maladies apparaissent aujourd'hui comme
de véritables septicémies.

Il arrive souvent, dans des cas semblables, que la phase de
bactériémie se prolonge d'une façon anormale ; elle devient
alors décelable, tant par les moyens cliniques que par
les procédés de laboratoire. Ce sont là des circonstances
exceptionnelles, mais il est important de les saisir au
passage, parce qu'elles précisent l'histoire de ces septicémies temporaires à détermination unique et d'apparence
primitive.

Les affections du poumon peuvent être considérées, à notre
avis, comme des maladies générales dont la localisation particulière sur le parenchyme pulmonaire donne lieu à tout un
cortège de symptômes cliniques qui attire tout d'abord
l'attention des cliniciens. Si cette conception est facilement
admise par tous, lorsqu'il s'agit de phénomènes manifestés

dans l'appareil respiratoire au cours d'une septicémie évidente, elle paraît, au contraire, difficile à adopter quand on se trouve en présence de la pneumonie franche aiguë qui se montre logiquement comme le type de l'affection locale.

Il fut un temps, qui n'est pas éloigné de nous, où la lésion du poumon semblait résumer ce que nous appelons aujourd'hui l'infection pneumococcique. C'est à la faveur des découvertes modernes et des études bactériologiques que l'on remarqua bientôt la dissémination fréquente dans tout l'organisme du pneumocoque, agent de la pneumonie.

Les examens cliniques permirent de dépister la pneumococcie dans une foule de tissus où l'on ne pouvait même la soupçonner.

Les observations se multiplièrent de pleurésie, péricardite, péritonite, méningite cérébro-spinale, endocardite, qui pouvaient être mises sur le compte du pneumocoque.

Mais la clinique ne peut facilement fournir d'arguments décisifs pour la détermination exacte de l'origine même de la pneumonie. Aussi croyons-nous devoir, avant toute autre chose, relater les observations de quelques malades chez lesquels nous avons pu faire la preuve bactériologique de septicémie pneumococcique ayant précédé de plusieurs jours une manifestation secondaire au niveau du poumon.

Ces faits, en nous apportant une contribution intéressante à l'étude pathogénique de la pneumonie franche aiguë, ont été le point de départ de ce travail, et deux d'entre eux ont déjà fourni à MM. LEMIERRE et ABRAMI l'occasion de publier avec nous, il y a quelques mois, un premier article sur cette importante question.

OBSERVATION I. — *Septicémie pneumococcique, état typhoïde, pneumonie le dixième jour.*

ANNA B..., trente-quatre ans, entre le 22 avril 1908 à l'hôpital Cochin, dans le service de M. le Dʳ WIDAL. Cette femme a été prise brusquement, huit jours auparavant, de frissons, de douleurs abdominales très vives, de vomissements et de diarrhée.

Elle éprouve également depuis ce jour une sensation de fatigue générale ntense, en même temps que des courbatures dans les membres et dans la région lombaire.

A son entrée à l'hôpital, la malade donne absolument l'impression d'une typhique. Le faciès est prostré, les narines pulvérulentes, la langue fortement saburrale. On constate au niveau de la lèvre inférieure une grosse vésicule d'herpès. L'abdomen est douloureux à la palpation; la diarrhée persiste depuis le premier jour. La rate est nettement percutable sur trois travers de doigt. La température est à 39°,5. Les urines contiennent un peu d'albumine.

L'examen du poumon ne révèle aucun symptôme anormal; la malade n'a jamais présenté ni point de côté, ni toux, ni dyspnée, ni expectoration.

L'ensemencement du sang est pratiqué dès l'entrée : au bout de vingt-quatre heures on trouve dans le ballon une culture abondante et pure de pneumocoque. Le 23 et le 24 avril, l'état général reste stationnaire. La température se maintient aux environs de 40°.

Le 24 avril, à la contre-visite du soir, la malade se plaint d'avoir éprouvé pendant l'après-midi un violent point de côté à droite. On constate à ce moment une zone de submatité légère à la partie moyenne du poumon droit en arrière. A ce niveau l'auscultation ne révèle aucun signe surajouté : le murmure vésiculaire est toutefois considérablement affaibli. Par contre, l'auscultation permet d'entendre dans l'aisselle droite quelques râles crépitants.

Le 25 avril, au matin, la température est à 40°. La malade présente le même aspect typhoïde : les pommettes sont rouges. Les signes pulmonaires sont devenus très nets. On note 40 respirations par minute; la toux est fréquente, fatigante et n'aboutit qu'à l'expulsion de quelques mucosités aérées, où l'examen microscopique décèle de nombreux pneumocoques.

L'examen du poumon montre les symptômes suivants : en arrière et à droite, à la hauteur du lobe moyen du poumon existe une zone de matité qui se prolonge en tournant vers l'aisselle. A ce niveau, les vibrations locales sont légèrement augmentées, l'auscultation dénote la présence d'un souffle inspiratoire à timbre tubaire que l'on perçoit surtout vers le tiers externe de la fosse sous-épineuse. Dans le reste de la région mate, on constate de nombreux râles crépitants, fins et superficiels.

L'auscultation du creux axillaire droit ne permet plus de retrouver les râles perçus la veille; par contre, on y entend un souffle tubaire inspiratoire.

Le reste du poumon est sain. Il en est de même pour le poumon gauche.

Les urines sont toujours peu abondantes et renferment de faibles quantités d'albumine; la diazo-réaction d'Ehrlich est négative.

L'ensemencement du sang, effectué de nouveau dans l'après-midi, ne donne plus de culture.

Les jours suivants, l'état de la malade demeure stationnaire; la température se maintient très élevée, oscillant entre 39°,5 et 40°; le pouls est rapide, battant entre 110 et 120, mais régulier et bien frappé. L'asthénie et les signes d'intoxication persistent; le faciès est toujours abattu, la langue sèche, saburrale, la soif vive. Cependant la malade ne délire pas et répond parfaitement à toutes les questions.

Les symptômes thoraciques ne subissent pas de modifications importantes; la dyspnée reste vive, la respiration reste aux environs de 45; la toux, toujours fréquente, n'aboutit pas à l'expectoration caractéristique. Localement, le foyer hépatisé évolue normalement : les 26, 27, 28, 29 avril, les symptômes physiques restent identiques; le 30 avril, on perçoit au centre de la zone mate quelques râles sous-crépitants.

Le 1er mai, la température est toujours à 40°; les phénomènes thoraciques sont aussi accusés; toujours pas d'expectoration. La matité s'est légèrement étendue en hauteur, et l'on perçoit, dans le lobe inférieur droit, quelques râles crépitants. Dans les jours qui suivent, la guérison de la pneumonie s'affirme de plus en plus : le 2 mai, la température s'abaisse à 37°,8; la malade se sent moins abattue, moins dyspnéique, et l'examen du poumon montre les râles sous-crépitants plus nombreux et plus gros.

Le 5 mai, température 37°,4 ; les urines augmentent de quantité. A partir de cette date, la terminaison de la pneumonie est rapide ; le 7 mai, l'apyrexie est complète. Parallèlement, on note la résolution progressive des lésions pulmonaires; les râles sous-crépitants disparaissent, puis le souffle et la *restitutio ad integrum* est complète, le 12 mai.

Cependant, tandis que l'évolution locale de la pneumonie s'accomplissait ainsi de façon régulière, nous avons assisté, chez cette femme, à l'apparition d'accidents nerveux particuliers, survenus au décours de sa maladie. Le 1er mai, la veille de la défervescence, la malade présente subitement de l'incontinence des urines et des matières fécales ; en même temps, on constate une abolition complète des réflexes achilléens et rotuliens, et un état parétique des deux membres inférieurs prédominant sur les muscles de la loge antéro-externe de la jambe. Ce syndrome ne s'accompagne ni de douleurs, subjectives ou objectives, ni de troubles de la sensibilité cutanée, ni de signe de Babinski. La ponction lombaire, pratiquée immédiatement, ne montre aucune modification du liquide céphalo-rachidien.

Ces symptômes, qu'il faut vraisemblablement attribuer à des lésions de myélite légère, persistent pendant plusieurs jours ; l'apparition d'un signe de Kernig intense incite à pratiquer le 9 mai une seconde ponction lombaire : celle-ci révèle l'existence d'une réaction méningée évidente, de type lymphocytique. Après une durée de quatorze jours, les phénomènes nerveux rétrocèdent très rapidement: le 14 mai, l'incontinence des urines et des matières n'apparaît plus que de façon intermittente ; les réflexes commencent à reparaître, de même que la motilité.

Le 16 mai, une troisième ponction lombaire donne issue à un liquide clair et dépourvu d'éléments. Et le 26 mai, la malade peut quitter l'hôpital, encore affaiblie, mais ne présentant plus aucun vestige de ses troubles médullaires.

Nous avons observé dans le service de M. le Dr CAUSSADE, à l'hôpital Tenon, un cas de pneumonie franche nettement secondaire à une septicémie pneumococcique, qui mérite d'être rapproché du précédent. Voici le résumé de cette observation :

OBSERVATION II. — Un homme âgé de trente-quatre ans entre à l'hôpital pour une affection ayant débuté insidieusement, quatre jours auparavant, par de la céphalée, avec rachialgie intense et courbature généralisée. Dès le premier jour il est obligé d'interrompre son travail et de prendre le lit ; le lendemain, il tousse un peu mais n'éprouve ni point de côté, ni frissons ; il a de la diarrhée et entre à l'hôpital avec le diagnostic de fièvre typhoïde. A l'entrée, la température est à 39°,6 et monte le soir même à 40°. Le pouls bat à 110 avec dicrotisme marqué. Le malade est très abattu et le faciès est légèrement vultueux. Cependant il présente, au niveau de la lèvre supérieure, une vésicule d'herpès qui fait soupçonner la pneumonie. A part quelques râles sibilants disséminés dans toute la poitrine, il n'y a pas de foyer pulmonaire, pas de submatité ; les vibrations sont normales ; aucun râle crépitant ne se montre. L'abdomen est météorisé et douloureux à la pression, la diarrhée est abondante, les taches rosées et le gargouillement dans la fosse iliaque manquent, la rate est sensible. On pense à la possibilité d'une fièvre typhoïde ou d'une grippe, à cause de l'épidémie régnant à cette époque et dont nous discuterons d'ailleurs l'origine et la nature.

Le séro-diagnostic de WIDAL est négatif et un ensemencement du sang pratiqué le premier jour décèle, au bout de vingt-quatre heures, la présence d'un diplocoque encapsulé qui ne peut être que du pneumocoque. L'état se maintient identique pendant quelques jours ; la toux est fréquente, l'expectoration muqueuse est assez abondante, mais on ne trouve toujours à l'auscultation que des râles sibilants. C'est une dizaine de jours seulement après le début de l'affection, comme dans le cas précédent, que le malade se plaint de son côté droit, et l'on note à la base du poumon de la submatité et quelques râles de congestion. Cet état persiste pendant trois jours et le foyer de pneumonie nettement s'accuse. La matité est absolue à la base, les vibrations sont augmentées, les râles crépitants nombreux, le souffle tubaire intense, presque caverneux. L'expectoration elle-même se modifie et des crachats rouillés, contenant en abondance du pneumocoque, font leur apparition. La pneumonie, à partir de cette période, évolue normalement ; il y a même une crise polyurique, la température tombe définitivement et le malade guérit avec une convalescence assez longue.

L'histoire de la première malade peut se résumer de la façon suivante : elle a présenté des symptômes de septicémie rappelant à s'y méprendre une fièvre typhoïde et dont l'examen bactériologique a montré la nature pneumococcique. Ce n'est qu'au bout de dix jours de cette affection générale, sans localisation, qu'apparurent des symptômes évoluant sous l'aspect habituel et dans les délais classiques de la pneumonie franche aiguë.

L'absence complète, pendant la première période de la maladie, de tous signes fonctionnels ou physiques du côté des organes respiratoires rend bien invraisemblable l'hypothèse d'une pneumonie centrale latente pendant dix jours. Nous aurons, d'ailleurs, ultérieurement, à discuter cette question des plus importantes de la pneumonie centrale.

Dans la deuxième observation, c'est encore par des phénomènes généraux rappelant la fièvre typhoïde et s'accompagnant de diarrhée, que la maladie s'est traduite tout d'abord. Cette première période a duré aussi une dizaine de jours, et dès le début l'ensemencement du sang donnait du pneumocoque. Au bout de ce laps de temps seulement des signes de pneumonie se sont montrés à la base droite et la défervescence est survenue plus tardivement. L'analogie est donc frappante avec le cas précédent. On note à peine de légères différences : une apparition moins brutale de la pneumonie, et dès les premiers jours quelques râles de bronchite. Un catarrhe aussi atténué, que l'on retrouve au cours d'une septicémie comme la fièvre typhoïde, ne peut être la cause des phénomènes généraux présentés dès le début et de l'infection sanguine.

Le tableau clinique qui s'est reproduit de façon analogue chez nos malades nous semble difficilement explicable si l'on accepte la pathogénie classique de la pneumonie. La théorie généralement admise veut que le pneumocoque descende de la bouche et du pharynx le long de l'arbre bronchique et pénètre jusqu'à l'alvéole pulmonaire dont il détermine l'inflammation. L'invasion brutale des symptômes thoraciques semble bien faite, en clinique journalière, pour corroborer cette opinion. Pourtant ce mode de début n'est pas un fait constant. Lorsqu'on parcourt les observations complètes qui figurent dans la littérature médicale, il n'est pas rare de voir les signes pulmonaires précédés pendant plusieurs jours d'un état infectieux sans détermination pré-cise. Voici, par exemple, quelques cas bien démonstratifs à cet égard.

OBSERVATION III (*Résumé*). — Un homme âgé de trente-cinq ans entre dans le service de M. QUÉNU, à l'hôpital Cochin, pour des douleurs lombaires consécutives à une chute faite deux jours auparavant. Il aurait eu, le soir même de l'accident, des frissons et de la fièvre. Le premier symptôme qui frappe l'attention dès qu'on aborde le malade, le lendemain de son entrée, est un ictère très intense. La décoloration des matières fécales est complète, donnant ainsi l'aspect d'un ictère par rétention. L'état général est relati-vement conservé; à part quelques râles sibilants, on ne trouve rien de particulier dans les poumons et le malade ne tousse ni n'expectore. Pendant quelques jours l'état reste stationnaire, mais avec anurie complète; un ensemencement de sang pendant cette période révèle la pneumococ-cémie. Les examens de sang, pratiqués tous les jours, montrent une forte leucocytose et une réaction myéloïde des plus marquée, formule réalisée, comme on le sait, par Dominici dans l'infection expérimentale. Le malade se plaignant de douleurs dans l'abdomen sans localisation précise, et bien que la palpation méthodique ne décèle qu'une très légère douleur au niveau du point cystique, sans défense de la paroi ni météorisme, la présence de l'ictère intense et la formule leucocytaire nous font penser à la cholé-cystite. L'opération pratiquée par M. PIERRE DUVAL permet de retirer de la vésicule un pus jaune verdâtre dans lequel on trouve le pneumocoque à l'état pur. L'anurie est toujours complète. L'état général finit par s'altérer, l'azotémie est considérable. La mort survient après une ou deux crises convulsives au neuvième jour de l'affection.

Cette observation, qui a fait le sujet d'une étude complète que nous avons entreprise avec M. QUÉNU, est intéressante à plus d'un titre et en particulier par la localisation sur les voies biliaires de la septicémie pneumococcique, ce qui vient à l'appui de la théorie soutenue par MM. LEMIERRE et ABRAMI de l'origine hématogène de l'infection des voies biliaires.

Mais ce qui fut le plus remarquable à notre point de vue dans l'histoire clinique de ce malade, c'est que le sixième jour de l'affection, en pleine période d'état de la septicémie pneumococcique, alors que l'examen attentif du poumon n'avait jusqu'à cette date révélé aucune lésion, l'attention était attirée du côté du thorax par de la dyspnée et une expectoration légèrement rouillée. L'auscultation montrait le jour même un foyer de râles crépitants et, dès le lendemain, une respiration soufflante, une exagération des vibrations et une matité qui ne laissaient aucun doute sur le diagnostic à porter. La température, pendant presque toute la durée de la maladie, s'est maintenue au-dessous de 37° et, malgré la présence du foyer pulmonaire, s'abaissa même aux environs de 35°.

L'autopsie pratiquée quelques jours après venait confirmer le diagnostic porté. Les deux feuillets de la plèvre interlobaire étaient agglutinés par un exsudat fibrineux, le poumon droit distendu, le parenchyme nettement hépatisé, indiquant le bloc pneumonique. Un liquide rougeâtre se détachait au râclage, et un examen immédiat des frottis révélait une grande quantité de pneumocoques encapsulés à l'état de pureté.

Chez deux malades observés dans le service de M. le Dr Caussade, nous avons vu survenir des accidents pulmonaires après quelques jours d'un état infectieux qu'il est difficile de ne pas rattacher à une septicémie, bien que nous n'ayons pas eu malheureusement le contrôle bactériologique.

Observation IV. — *Septicémie pneumococcique, pneumonie massive, pleurésie purulente, endocardite.*

Tr..., chaudronnier, âgé de trente-deux ans, entre à la salle Trousseau le 24 janvier 1909, dans le service de M. le Dr Caussade, parce qu'il avait été pris subitement, le matin, d'un frisson intense avec point de côté siégeant à la base gauche du thorax et dyspnée assez violente pour l'avoir décidé à entrer à l'hôpital. Dès qu'on l'aborde, en effet, la fréquence de ses mouvements respiratoires (40 par minute) et la gêne qu'il éprouve, continue, violente et paroxystique, attire l'attention. Le tableau clinique est celui d'une pneumonie classique avec tous ses signes physiques, caractéristiques (matité, souffle tubaire, râle crépitant). Mais le malade est très abattu ; la température est à 40°, le pouls est fréquent et présente de l'arythmie. Les urines sont rares, à peine 300 grammes en vingt-quatre heures, hautes en couleur, contenant des flots d'albumine et de l'urobiline. L'examen du cœur montre un assourdissement du deuxième bruit à la pointe et un souffle d'insuffisance mitrale assez net propagé à l'aisselle. L'état reste ainsi stationnaire pendant deux jours, et le 29 janvier, l'examen des poumons révèle la présence de foyers disséminés qui semblent augmenter de nombre et d'étendue et font porter le diagnostic de broncho-pneumonie. L'expectoration, abondante, prend assez rapidement l'aspect noirâtre de jus de pruneau. Elle contient une culture pure de pneumocoque. L'état du cœur paraît s'aggraver. Les souffles y sont plus intenses et plus rudes, et il est remarquable de noter que lorsqu'on interroge le malade sur ses antécédents, on trouve que depuis une quinzaine de jours déjà, il est souffrant, courbaturé ; il tousse et le diagnostic de grippe a été porté par le premier médecin qu'il a vu. Il ne se rappelle pas avoir jamais eu d'attaques de rhumatisme articulaire aigu, il n'a jamais été malade, à part une légère fièvre typhoïde contractée il y a quatre ans. Les jours suivants, il se forme un véritable épanchement pleural à pneumocoque et le malade meurt le 3 février. A l'autopsie, on trouve une pleurésie purulente, à droite ; le poumon de ce côté présente à la coupe une infiltration totale avec hépatisation grise. Le poumon gauche présente deux ou trois noyaux de broncho-pneumonie. Le cœur est volumineux. L'orifice mitral montre des lésions très nettes d'endocardite infectieuse. Les reins sont blancs, augmentés de volume, légèrement granuleux, offrant à la coupe une augmentation considérable de la zone corticale. Le poumon et les végétations endocarditiques contiennent des pneumocoques en abondance.

Cette observation est surtout intéressante parce qu'il s'agit certainement d'une septicémie à pneumocoques, comme le prouvent les diverses localisations sur la plèvre, le poumon et l'endocarde. Il s'agit seulement de déterminer l'ordre chronologique des faits, et il est curieux de voir les phénomènes pulmonaires survenir avec cette brusquerie et les signes classiques d'une pneumonie, alors que le malade était déjà, depuis assez longtemps, atteint de divers troubles mis sur le compte de la grippe et qu'avaient eu le temps de s'ébaucher pendant cette période des lésions d'endocardite constatées à l'autopsie.

C..., palefrenier, âgé de trente-trois ans, entre à l'hôpital le 24 février 1909, dans le service de M. le Dr CAUSSADE, parce que depuis une quinzaine de jours il ressent une courbature généralisée avec de la céphalée, des frissons, des épistaxis, troubles qui l'empêchent de vaquer à ses occupations et qui sont apparus à la suite d'une angine légère sur laquelle le malade ne peut nous donner que peu de renseignements. A son entrée à l'hôpital, l'abattement dans lequel il se trouve est marqué ; son faciès est celui d'un typhique, la langue est saburrale au centre et rouge sur les bords, la palpation de l'abdomen détermine de la douleur dans la fosse iliaque, la rate est légèrement hypertrophiée, la température est à 40° et le pouls dicrote bat à 110. Malgré l'absence de taches rosées, on pense immédiatement à la possibilité d'une fièvre typhoïde. L'examen du poumon à cette époque ne révèle que quelques râles de bronchite disséminés, mais les jours suivants, les phénomènes pulmonaires prennent le premier plan. Les premiers symptômes observés sont : la présence d'une respiration soufflante au sommet du poumon droit, avec submatité très nette à la percussion de ce côté, mais sans aucun bruit surajouté et sans modification des vibrations et de la voix. Le malade se plaint en outre d'un point de côté siégeant derrière l'omoplate, et, deux jours après, l'examen physique révèle la présence d'un foyer pneumonique des plus nets avec matité absolue, exagération des vibrations, présence d'un souffle et de quelques râles crépitants. L'expectoration devient abondante et rapidement purulente. En présence de ces phénomènes, la fièvre typhoïde ayant été écartée, on pense à la grippe ou à la granulie. Le malade meurt rapidement et l'on constate à l'autopsie une pneumonie massive, en état d'hépatisation grise occupant les deux tiers supérieurs du poumon gauche. Il n'y a aucune trace de tuberculose, et l'on ne note rien de particulier du côté de l'intestin ; les autres organes ne présentent pas de lésions bien nettes.

Bien que, dans ce cas, l'ensemencement du sang n'ait pas été pratiqué, il paraît évident qu'il s'agissait d'une septicémie à pneumocoque, et le fait intéressant à noter est précisément l'apparition des phénomènes pulmonaires au cours d'un état septicémique nettement consécutif à une angine et durant déjà depuis près de vingt jours.

Il en est de même dans une observation prise dans le service de M. CLAISSE.

R... Germain, âgé de soixante-deux ans, marchand ambulant, entre le 6 juin 1907, salle Trousseau, à l'hôpital de la Pitié, dans le service de M. le Dr CLAISSE, avec un délire aigu ressemblant au delirium tremens.

L'examen de la gorge décèle la présence, sur l'amygdale droite, d'une ulcération recouverte d'une fausse membrane grisâtre et putrilagineuse. De plus, le voile du palais, le pharynx sont le siège d'une rougeur diffuse, et l'on aperçoit, sur la paroi postérieure du pharynx, des ulcérations analogues d'allure gangreneuse.

L'examen du poumon révèle un foyer de râles crépitants à la base droite et des râles sibilants et ronflants disséminés dans toute la poitrine. Le lendemain, le délire a cédé au traitement, le malade nous donne quelques renseignements sur le début des accidents actuels. Son affection date de huit jours environ, et le premier symptôme dont il eut à se plaindre fut précisément une dysphagie particulière accompagnée de tous les symptômes habituels au cours des angines aiguës. Depuis trois jours, il éprouve, en outre, des douleurs extrêmement violentes dans l'oreille droite qui suppure. Il se plaint d'une céphalée très intense, dans la région occipitale.

Le foie est augmenté de volume; la rate nettement percutable. Les urines contiennent une légère quantité d'albumine. Mais les phénomènes se sont déjà modifiés depuis la veille du côté de son pharynx et de son poumon. Les fausses membranes ont disparu, et l'examen bactériologique pratiqué a montré sur les frottis la présence de très nombreux germes, au premier rang desquels apparaît le pneumocoque.

Au poumon, la matité remonte jusqu'à l'épine de l'omoplate. Les vibrations sont amoindries; le murmure vésiculaire est affaibli à la partie la plus déclive du thorax; il n'y a cependant ni égophonie, ni pectoriloquie aphone. On entend un souffle léger le long de la colonne vertébrale à droite. Une ponction exploratrice reste négative, mais l'examen du sang retiré du poumon décèle du pneumocoque en abondance.

Un ensemencement de sang pratiqué donne également du pneumocoque.

Les jours suivants, du 7 au 20 juin, l'état paraît s'améliorer, mais les signes stéthoscopiques restent les mêmes. La température s'est légèrement abaissée et reste aux abords de 38°. Le pouls est fréquent, mais bien frappé; l'écoulement otitique est entièrement tari. Brusquement, le 24 juin, le malade est pris de raideur de la nuque, le signe de Kernig est positif, il y a de l'inégalité pupillaire. Il ne répond plus à aucune des questions qu'on lui pose. Une ponction lombaire pratiquée révèle un liquide en hypertension louche et contenant des polynucléaires en grande abondance avec quelques pneumocoques.

Il meurt dans le coma, deux jours après.

A l'autopsie on constate la présence d'une pleurésie purulente enkystée à la partie postéro-inférieure du poumon droit. A la coupe du poumon, œdème pulmonaire et hépatisation, à droite; le poumon gauche paraît sain.

Un léger épanchement purulent dans le péricarde. Le cœur est gros, mou, et à la coupe, on trouve une endocardite végétante. La lésion la plus caractéristique est au niveau de la valvule sigmoïde de l'aorte.

Enfin, il y a une méningite cérébro-spinale des plus nettes.

Il s'agit donc bien, dans ce cas, d'une septicémie à pneumocoques dont le point de départ paraît être l'angine.

Dans un cas observé récemment par MM. Caussade et Cotoni, à l'obligeance desquels nous devons cette observation, une phase de septicémie pneumococcique démontrée par l'hémoculture précéda de quelques jours l'apparition de symptômes physiques traduisant la pneumonie.

Oservation VII. — *Pneumococcémie.* — M..., âgé de vingt-trois ans, garçon de salle, arrivé depuis quelques jours à Paris, vient à l'hôpital dans le service de M. le Dr Caussade parce que, depuis l'avant-veille, il éprouve une céphalée intense avec malaise général et incapacité absolue de faire le moindre effort.

A son entrée à l'hôpital, l'attention est attirée par son mauvais état général. Le faciès est pâle, presque blafard, les pommettes roses; la dyspnée est intense (48 respirations par minute); une toux quinteuse provoque des douleurs violentes dans toute la poitrine et ne donne lieu qu'à une très faible expectoration faite de crachats muco-purulents. Le ventre est un peu ballonné, la palpation dans la fosse iliaque droite révèle de la douleur et du gargouillement. La langue est sèche, rouge à la pointe et sur les bords. La rate est sensible à la percussion. Les urines, en quantité normale, sont de coloration foncée, contenant quelques pigments et une légère quantité d'albumine. L'examen du thorax ne décèle que des râles disséminés; le tableau clinique présenté fait penser à la fièvre typhoïde. Les jours suivants, l'état général paraît s'aggraver: le pouls à 140 devient arythmique, la température reste aux abords de 39°, des sueurs profuses couvrent le corps du malade et, malgré une euphorie remarquable, l'adynamie est extrême. On assiste alors à la production d'un foyer pneumonique des plus nets à la base droite, caractérisé par tous les signes stéthoscopiques habituels (matité, râles crépitants, souffle tubaire, bronchophonie).

L'ensemencement du sang montre un pneumocoque à l'état de pureté.

L'état général s'améliore rapidement, les phénomènes pulmonaires paraissent se généraliser. En arrière et à gauche, dans presque toute la hauteur du poumon, on entend des bruits caractérisés par des frottements égaux, perceptibles aux deux temps, mais surtout nombreux pendant l'inspiration. Au sommet, l'inspiration est rude et l'expiration soufflante. Le malade actuellement est convalescent, mais il persiste encore de nombreux frottements pleuraux.

Il est évidemment exceptionnel de pouvoir mettre en lumière une bactériémie souvent latente et qui dans la majorité des cas a déjà disparu lorsque les patients viennent nous consulter.

Nous verrons, à propos des pneumonies infantiles, la fréquence du début péritonéal. L'observation de Lop relative à une pneumococcie aiguë généralisée survenue chez une jeune femme de vingt-huit ans, trente-six heures après l'accouchement, est, pour ainsi dire, la reproduction des cas schématiques que nous avons relatés.

OBSERVATION VIII (*Résumé*). — Le lendemain qui suivit la délivrance, la malade se plaint de fatigue générale, la température est à 39°,9. Les pertes sont normales et sans odeur, l'abdomen est douloureux et l'hypogastre est ballonné. Les jours suivants, le faciès est grippé, pâle, les douleurs se font plus violentes avec paroxysme à la palpation et légères défenses de la paroi. Une soif ardente, un hoquet persistant, des vomissements poracés, de la dysurie douloureuse achèvent le tableau de la péritonite. Les culs-de-sac et l'utérus sont intacts, l'auscultation la plus minutieuse du poumon ne fait rien découvrir tant à droite qu'à gauche ; il en est ainsi jusqu'au début de la convalescence du syndrome péritonéal. Les phénomènes abdominaux s'amendent en effet rapidement, mais l'état général reste si précaire pendant une période de quatre à cinq jours qu'on soutient la malade avec de l'huile camphrée et des injections de sérum. Dix jours après le début des accidents, la malade se plaint d'avoir souffert toute la nuit du poignet gauche, et l'on assiste au développement d'une arthrite purulente qu'on est obligé d'inciser. L'examen du pus montre du pneumocoque À la suite de l'opération, la température tombe, les phénomènes locaux disparaissent. Quatre jours se passent, et une nouvelle élévation de la température, des frissons et l'apparition de douleurs au niveau de l'angle externe de la mâchoire, attirent l'attention sur la parotide, qui est le siège d'un empâtement diffus et de douleurs très vives à la pression. La résolution se fait lentement sans qu'on ait besoin de recourir à une intervention. Cinq jours après cette nouvelle complication, *alors que la convalescence paraissait définitive, la malade, un soir, ressent un point de côté violent à la base gauche et est prise d'un grand frisson et d'une gêne respiratoire considérable. On constate bientôt les signes classiques d'une pneumonie franche aiguë* et l'on trouve dans les crachats rouillés typiques, qui constituent l'expectoration, du pneumocoque en abondance et à l'état de pureté.

Cette observation, des plus intéressante, comporte plusieurs enseignements. Il ne paraît pas douteux, en effet, bien que l'hémoculture n'ait pas été pratiquée, qu'il se soit agi d'une pneumococcémie. Le pneumocoque a primitivement frappé le péritoine — contrairement à ce que l'on observe chez l'enfant et peut-être en raison même de la défense plus grande de l'organisme et de l'énergique phagocytose *in situ* ; — et la péritonite est restée purement séreuse.

L'auteur de cette observation admet que c'était à la faveur de l'infection péritonéale que s'est faite l'infection totale de l'économie dont les étapes successives ont été le poignet, la parotide et en dernier lieu le poumon. L'on pourrait, il nous semble, encore admettre un autre point de départ à la septicémie pneumococcique initiale, dont les divers accidents présentés ne seraient que des manifestations différentes.

La pneumonie n'a eu lieu que comme dernière localisation d'un pneumocoque en circulation dans le sang au moment même où l'absence de température et l'amélioration considérable de l'état général ne permettaient certes plus cliniquement de suspecter la bactériémie.

Quelle que soit la théorie invoquée pour expliquer ces faits — et nous aurons à discuter à ce point de vue les arguments fournis par la recherche des réactions humorales et l'étude expérimentale, — il est intéressant que la clinique vienne nous apporter cette première démonstration évidente de la septicémie latente.

GALLIARD, en 1902, a rapporté l'histoire d'un homme âgé de soixante-trois ans, depuis six mois en proie à des palpitations, de la dyspnée et des œdèmes, et qui, à son entrée à l'hôpital, a l'aspect d'un cardiaque grave en état d'asystolie. Il est rapidement amélioré par la digitale, mais quelques jours après, sans qu'aucun symptôme, se soit présenté du côté du poumon, il se plaint de douleurs vives dans l'articulation du genou droit, qu'un examen rapide montre le siège d'un épanchement assez considérable. On retire par ponction un liquide franchement purulent qui contient du pneumocoque en abondance, et l'on est obligé de pratiquer d'abord une ponction au bistouri, puis une arthrotomie. Ce n'est que quelques jours après — c'est-à-dire près d'un mois après le début des premiers accidents — que, la température remontant brusquement à 40°, de la dyspnée et des douleurs dans la région thoracique, font examiner le poumon. On découvre de la matité et un foyer de râles crépitants à une base pulmonaire. Des crachats rouillés et collants contenant du pneumocoque en abondance et des signes stéthoscopiques plus nets permettent d'affirmer la pneumonie. Le malade finit d'ailleurs par mourir avec une pleurésie purulente et une pneumonie typique sans infarctus.

On peut ainsi voir des manifestations d'ordre incontestablement septicémique et considérées habituellement comme des complications de la pneumonie, en devancer de plusieurs jours l'apparition. Témoin encore ce cas rapporté par M. Boulloche et qui rappelle le précédent, dans lequel des arthropathies et des myosites à pneumocoque se montrèrent cinq jours avant le foyer de pneumonie.

MM. Duflocq et Le Damany ont rapporté le cas suivant:

Un homme de cinquante et un ans entre à l'hôpital parce que, depuis quinze jours, il souffre d'une courbature générale et d'une céphalée continuelle. On note des épistaxis légères mais répétées, l'appétit a disparu, la soif est vive. Dès son entrée à l'hôpital on remarque une teinte ictérique. Le foie est augmenté de volume. Il n'y a ni toux, ni point de côté, ni dyspnée. L'examen minutieux du thorax ne révèle en aucun point de modification de la sonorité ou du murmure vésiculaire. La fièvre est à 40°. Le malade présente du délire loquace; les bruits du cœur sont normaux mais rapides, le pouls bat à 116. Le lendemain de l'entrée, l'ensemencement du sang montre du pneumocoque et, trois jours après, l'hémoculture de nouveau pratiquée reste négative.

Ce n'est que huit jours après l'entrée du malade que l'on constate un foyer de râles sous-crépitants au sommet droit, et les jours suivants, on assiste au tableau classique d'une pneumonie qui se termine par une crise polyurique et par la guérison.

Cette observation n'est en somme qu'une reproduction de celle que nous avons signalée au début de ce travail. Mais les auteurs, en relatant ce cas, ne pouvant s'abstraire des théories en cours, invoquent une pneumonie centrale pour expliquer le retard constaté dans l'apparition des signes.

Certains faits cliniques paraissent nettement démontrer que l'hémoculture restant négative, ne constitue pas une preuve suffisante de l'absence de pneumocoques dans le sang.

C'est ainsi que ZUBER, dans sa thèse, cite de nombreux cas où des piqûres de caféine, chez des pneumoniques déterminèrent la production d'abcès dont le pus contenait du pneumocoque en abondance.

M. LAUNOIS (1) nous a rapporté, à ce sujet, un cas des plus démonstratifs : il s'agissait d'un malade porteur, depuis de longues années, d'un mal perforant plantaire cicatrisé qui eut, au cours d'une pneumonie classique, une poussée inflammatoire de son mal perforant. Le pus de l'abcès développé en cet endroit contenait du pneumocoque. La pneumonie évolua normalement avec guérison rapide.

MM. LECLERC et FAURE ont relaté à la Société médicale des hôpitaux de Lyon, au mois d'août 1910, le cas d'une femme qui, de la même manière, eut, au cours d'une pneumonie une arthrite aiguë d'un coude qui avait été le siège d'un traumatisme récent. Le pus contenait du pneumocoque.

MM. LETULLE et LECONTE ont présenté à la Société médicale des hôpitaux, en juin 1910, une observation analogue. En outre de l'arthrite purulente il y avait un grand nombre d'abcès à pneumocoques.

MM. PIC et BONNAMOUR ont retrouvé du pneumocoque dans des abcès de fixation pratiqués à titre thérapeutique, dans des pneumonies et broncho-pneumonies.

On ne saurait, il nous semble, fournir de preuves plus convaincantes de la fréquence de la septicémie pneumococcique.

Plus récemment encore, MM. CHAUFFARD et LAROCHE ont signalé un œdème aigu pneumococcique du larynx avec pneumonie et septicémie consécutives.

OBSERVATION (*Résumé*). — Le malade était entré à l'hôpital dans un état

(1) Communication orale.

de dyspnée si grave qu'une trachéotomie d'urgence fut jugée nécessaire. Il avait été pris insidieusement de fièvre deux jours auparavant, sans frisson ni point de côté. Ce n'est que six jours après le début de l'affection qui paraît avoir bien évolué tout d'abord, à la manière d'une septicémie, que l'on constata un foyer d'hépatisation pulmonaire à la base du poumon gauche. Une hémoculture pratiquée démontrait la réalité de cette hypothèse. Le malade eut d'ailleurs, dans la suite, une périarthrite de l'épaule droite et un abcès phlegmoneux de la cuisse dans le pus duquel le pneumocoque était présent.

Après avoir discuté la pathogénie des accidents, MM. Chauffard et Laroche concluent que la notion de l'origine sanguine est la seule qui donne une explication complète de tous les phénomènes observés. Ils nous ont fait l'honneur de se fonder sur nos deux cas pour invoquer chez leur malade le même déterminisme des lésions pulmonaires.

On pourrait aisément, en analysant toutes les observations de pneumococcies, découvrir de nombreux faits analogues.

PNEUMONIE CENTRALE.

Ces cas figurent sous le nom souvent impropre de pneumonies centrales, et Weill rapproche de celles-ci la pneumonie centrifuge, où les signes physiques peuvent manquer pendant cinq, six ou sept jours ; mais l'absence de crachats rouillés et l'impossibilité, dans certains cas, de retrouver même à l'autopsie le moindre foyer pulmonaire, comme Prochaska l'a signalé, sont là pour prouver que cette explication n'est pas toujours suffisante. Cependant tous les auteurs qui, depuis Laënnec, ont traité de la pneumonie lobaire, consacrent un paragraphe à cette forme, et il y a quelques années aucun d'eux n'élevait de doute sur la réalité de son existence.

Jaccoud distrait déjà de ce groupe toutes les pneumonies qui en l'absence de signes physiques ne possèdent pas le crachat rouillé, symptôme réellement pathognomonique. M. le Pr Lépine (de Lyon) le premier a exprimé des doutes sur la réalité de l'hépatisation pneumonique centrale. Voici ce qu'il écrit à ce sujet :

« Après une période de quelques jours pendant laquelle existent seulement de la fièvre et des râles distincts dans une portion d'un poumon, apparaît un souffle plus ou moins tubaire à l'endroit où l'on soupçonnait la pneumonie. En général, c'est à ce moment seulement que le malade expectore des crachats rouillés, et souvent il y a, en même temps, une recrudescence de la fièvre. Assurément, on peut supposer, comme l'ont fait jusqu'ici les auteurs, que l'hépatisation a débuté par le centre du poumon et a gagné la surface après quelques jours ; mais on peut aussi admettre, et c'est l'interprétation que je propose, pour le plus grand nombre des cas, que l'hépatisation ne s'est faite qu'au moment où l'on a entendu le souffle tubaire. »

Deux faits que l'auteur a eu l'occasion d'observer témoignent, en effet, en faveur de cette manière de voir.

OBSERVATION (*Résumé*). — Un jeune homme de seize ans fut pris brusquemment de fièvre sans point de côté et présenta l'aspect d'un typhique n'ayant à l'auscultation de la poitrine que des râles de bronchite diffuse et quelques crachats aérés visqueux et non colorés. La température, les jours suivants, oscille entre 39°, et 39°,8. Cinq jours après, l'examen radioscopique permet de constater — et ce fait est d'accord avec les résultats signalés par MM. VARIOT et CHICOTOT — que le diaphragme à gauche n'exécute aucun mouvement et se trouve sur un plan horizontal notablement supérieur à la moitié droite. Dès le lendemain on entend un souffle aux deux temps à la base gauche et le malade expectore des crachats colorés.

Cette observation paraît démontrer que le poumon gauche, d'abord congestionné, ainsi qu'on pouvait en juger par de la submatité et le défaut d'expansibilité, n'était pas en état d'hépatisation, car il était absolument translucide. Or on sait que l'hépatisation se révèle par une diminution fort nette de la transparence. L'hépatisation ne s'est donc produite que le jour où elle s'est manifestée par un souffle, et il paraît tout au moins logique d'admettre que pendant les premiers jours il s'agissait non pas d'une pneumonie centrale, mais bien d'une septicémie à pneumocoque qui n'avait encore produit aucune localisation pulmonaire. M. le Pr Lépine cite d'autres faits semblables et, sans contester la possibilité d'une hépatisation centrale qui ne donne lieu au début à aucun signe physique, en raison de la couche du poumon sain qui sépare le nodule primitif de la surface pleurale, il conclut de la manière la plus nette, que pareil cas ne peut se présenter qu'à titre purement exceptionnel.

Il est évident, en tout cas, qu'il y a quelques années, les observations que nous avons relatées, dans lesquelles le contrôle bactériologique nous permit d'établir de façon indiscutable la septicémie précédant les phénomènes pulmonaires, auraient été qualifiées de pneumonies centrales.

PNEUMONIES POST-OPÉRATOIRES.

Les complications pulmonaires, et principalement les pneumonies, sont loin d'être rares après les opérations et surtout après les interventions sur l'abdomen. La pneumonie post-opératoire est un accident souvent grave et malheureusement assez fréquent, puisque dans certaines statistiques de laparotomie, elle est notée chez 4 à 8 p. 100 des opérés.

L'origine aérienne est certainement la théorie la plus séduisante pour expliquer sa production. L'action irritante de l'agent anesthésique sur la muqueuse respiratoire était naturellement l'idée qui s'imposait tout d'abord pour comprendre cette complication. Mais à cette hypothèse on ne tarda pas à faire les objections les plus sérieuses, et cette question importante donna lieu, en Allemagne, à un grand nombre de discussions. A la clinique de Breslau, on constatait, par exemple, que les pneumonies étaient aussi fréquemment observées à la suite de l'anesthésie locale, qu'après l'anesthésie générale.

Henle, après avoir communiqué les observations faites dans le service de von Mickulicz à Breslau, attribue le rôle prépondérant, d'une part, au refroidissement des malades pendant la désinfection et l'opération et, d'autre part, à l'existence d'un foyer d'infection préalable dans l'organisme. C'est ainsi, dit-il, qu'en employant une table chauffable et en réduisant au minimum les chances du refroidissement, on a vu diminuer progressivement les cas de pneumonie post-opératoire malgré le nombre toujours croissant des laparotomies. L'autopsie des patients ayant succombé à cette affection a démontré l'existence fréquente d'un foyer d'infection péritonéale, souvent pendant la vie. HENLE a d'ailleurs pu confirmer ces données par des expériences sur les animaux. *Il a réussi à réaliser des affections pulmonaires au moyen du refroidissement associé à la narcose, par l'introduction d'un microorganisme infectieux dans la circulation sanguine ou dans le péritoine.*

KELLUNG (de Dresde), après avoir admis que les bronchopneumonies se font le plus souvent par voie bronchique, croit, au contraire, que la voie sanguine est la règle quand il s'agit de pneumonie et rapproche ces faits des embolies microbiennes si fréquentes à la suite des opérations de hernie étranglée.

HEUSNER (de Barnen) conclut de cette discussion que la pneumonie post-opératoire est une infection ordinaire par le pneumocoque, qui se trouve presque constamment répandu dans les diverses parties de l'organisme humain et peut à chaque instant aller, en empruntant la voie sanguine, se fixer sur un lieu de moindre résistance.

Les auteurs sont loin d'être d'accord sur cette question. Il est possible que la voie aérienne puisse devenir la porte d'entrée de ces infections à la suite de l'irritation produite sur son épithélium par les anesthésiques. Il n'en reste pas moins démontré que le point de départ est souvent le péritoine par exemple, et que dans ces cas l'origine sanguine est la seule possible.

Les septicémies latentes sont loin d'être rares, à la suite des opérations. Nous avons eu l'occasion de pratiquer un certain nombre d'hémocultures chez des opérés, un jour ou deux après l'opération. Nous avons été étonné de trouver dans quelques cas, sans grand cortège symptomatique, des germes pathogènes dans le sang (colibacille, pneumocoque, staphylocoque doré et anaérobies).

PNEUMONIES A LA SUITE D'IMMERSION.

MM. Bergé et Antony ont rapporté à la Société médicale des hôpitaux des cas de pneumonie et de bronchite fétide à la suite de tentatives de submersion. Voici, à ce sujet, ce que dit M. Netter : « Je ne prétends nullement innocenter l'eau de Seine ou l'eau de puits dans ces cas ; j'admets fort volontiers qu'elle peut renfermer des agents susceptibles de produire la gangrène. Je veux seulement faire remarquer que dans les deux cas il paraît y avoir eu d'abord pneumonie à pneumocoque et que cet agent pathogène existe dans la bouche des sujets sains. On peut donc supposer que l'immersion fournira au pneumocoque déjà présent chez le malade, des conditions favorables au développement de la pneumonie. »

On peut citer l'observation de Bein, démonstrative à cet égard.

Un malade est ramené à l'hôpital de la Charité de Berlin après une chute dans l'eau. L'examen des organes ne révèle aucune altération. On constate la présence de pneumocoque dans la salive ; on assiste les jours suivants au développement progressif d'une pneumonie. Cette affection a été suivie secondairement d'accidents gangreneux.

On peut donc encore se demander si l'on ne doit pas incriminer la pénétration dans la circulation sanguine, sous l'influence du refroidissement brusque des agents contenus dans la cavité buccale et qui jusqu'alors y vivaient en saprophytes. Nous verrons que l'expérimentation nous a permis tout au moins de réaliser par ce mécanisme les lésions pulmonaires.

D'autres formes encore, dont certains auteurs font des classes à part, nous fourniraient aisément l'occasion de trouver de nouvelles preuves de leur origine hématogène habituelle. Parmi elles figurent les pneumonies récidivantes et les pneumonies à reprises.

PNEUMONIES RÉCIDIVANTES ET PNEUMONIES A REPRISES.

On sait qu'il existe un type de pneumonie dite « à reprises », qui ne se distingue de la pneumonie franche aiguë que par des alternatives de chute ou d'ascension de la température et par une augmentation de la durée du cycle classique. Nous avons eu l'occasion d'en observer dans le service de M. le Pr MARIE, à l'hospice de Bicêtre, un cas des plus intéressants.

OBSERVATION IX. — Il s'agissait d'un homme de soixante-dix ans atteint d'une pneumonie classique ayant débuté quatre jours auparavant, siégeant au sommet du poumon gauche. L'expectoration contient du pneumocoque en abondance. Trois jours après, la défervescence se produit, la température baisse à 37° et se maintient pendant deux jours. Le malade reste faible et courbaturé; la crise urinaire ne se produit pas, quelques jours après, un nouveau frisson se produit, la température monte à 38°, le malade se plaint d'un point de côté à la base du poumon opposé. L'auscultation révèle la présence d'un foyer de râles crépitants. Les jours suivants le foyer broncho-pneumonique devient plus net, et un souffle fait son apparition. L'ensemencement de sang pratiqué le 20 novembre donne une culture pure de pneumocoque. Tous les phénomènes paraissent cependant s'amender, lorsqu'un nouveau foyer pneumonique apparaît à la base du poumon droit, dont le sommet depuis quelques jours était entièrement dégagé.

Le malade finit par mourir de collapsus cardiaque.

Il est difficile d'admettre, dans ce cas, que le deuxième foyer pneumonique se soit produit à la suite de l'introduction d'un pneumocoque par voie aérienne, lorsque l'ensemencement du sang venait démontrer la réalité de l'infection sanguine.

JACCOUD avait depuis longtemps décrit la pneumonie à reprises, forme clinique dont les Traités de médecine ne dónnent pas de description précise. C'est, dit JACCOUD, une pneumonie qui, au lieu d'être continue d'une seule traite, se fait en plusieurs étapes séparées par des intervalles d'apyrexie. Elle se rapproche en réalité de la pneumonie à rechute et s'explique aisément si l'on veut bien admettre la réinoculation du poumon au cours d'une septicémie pneumococcique.

On a également cité de nombreux cas désignés sous le nom de *pneumonies paradoxales*, dans lesquelles les signes d'auscultation font défaut. Il en est plusieurs groupes.

Ce sont d'abord les pneumonies que GRANCHER appelle pneumonies massives. Elles sont caractérisées par de la matité, l'absence de bruits respiratoires, de râles, de souffle, de bronchophonie et de vibrations thoraciques. L'expectoration fait défaut pendant la période d'incubation.

Un *deuxième groupe* comprend des faits ou l'interprétation de l'anomalie devient hypothétique, les signes d'auscultation font défaut, il y a un état fébrile, des douleurs vives à la base droite.

Enfin on comprend encore sous ce nom des cas où, comme l'a bien montré Weill, il y a en même temps un processus inflammatoire de la plèvre avec symphyse partielle de ses feuillets.

Nous avons eu l'occasion d'observer un cas analogue à ceux du deuxième groupe. Ces signes d'auscultation ne firent leur apparition que cinq jours après le début des accidents, et il semble difficile d'admettre que la pneumonie évoluait, sans symptômes, pendant toute cette période.

PNEUMONIE TRAUMATIQUE.

Le traumatisme local, dont l'importance étiologique n'est certes pas douteuse, a pu être invoqué dans la genèse d'un grand nombre d'affections pulmonaires. Depuis longtemps son rôle a été reconnu dans la production de la tuberculose.

On se rappelle l'histoire devenue classique de ces bateliers du Rhône qui, pour faire progresser leur barque, appuient leur gaffe sur la région sous-claviculaire et ébauchent ensuite des lésions tuberculeuses à l'endroit même où portait le trauma-tisme.

Nous ne parlerons pas du cas d'Harris de broncho-pneumonie consécutive à un traumatisme thoracique et qui fut probablement, d'après la lecture attentive de l'observation, une broncho-pneumonie caséeuse chez un malade antérieurement atteint de tuberculose ganglionnaire latente depuis de longues années.

Nous avons eu l'occasion de suivre, dans le service de M. Claisse et dans celui de M. Widal, deux cas de pneumonie traumatique des plus nets. Il semble bien, dans l'un d'eux tout au moins, qu'un état septicémique ait précédé l'éclosion des accidents pulmonaires.

Lorsqu'on parcourt les observations qui se trouvent dans la thèse si documentée de Proust sur la pneumonie trauma-tique, on voit que dans de nombreux cas, il semble qu'une phase de septicémie consécutive au traumatisme, ait précédé l'apparition des phénomènes pulmonaires.

Un fait encore intéressant à signaler à ce point de vue, c'est que les traumatismes portant sur les voies respiratoires supérieures ne paraissent nullement prédisposer à la pneumonie. C'est ainsi par exemple, que la trachéotomie n'a pas une influence bien grande sur la production de la pneumonie ou de la broncho-pneumonie ce qu'on s'explique assez mal, si l'on admet leur origine aérienne.

Labric et Simon disent que lorsqu'une telle opération est pratiquée sur un individu ne présentant aucune prédisposition à l'inflammation de l'appareil pulmonaire, elle ne favorise pas la pneumonie. C'est sans doute à la faveur d'un refroidissement causé par l'arrivée brusque dans les alvéoles d'un air qui ne s'est pas réchauffé que se sont produits les rares cas signalés.

Dans la pneumonie traumatique, c'est l'épithélium alvéolaire qui est surtout atteint; très susceptible il se multiplie se gonfle et desquame sous l'influence des moindres irritations. Dans l'intérieur des alvéoles la masse contenue est formée de cellules épithéliales volumineuses et de leucocytes. Dans les travées interlobulaires et dans le nodule peri-bronchique ce sont les lésions exsudatives qui dominent. Les lésions bronchiques sont rares.

Dans ces cas, encore, bien que la clinique parfois ne permette pas de saisir l'étape de passage du microbe, il semble que le poumon soit envahi par la voie sanguine.

Certains auteurs ont voulu rapprocher de la pneumonie traumatique, les pneumonies qu'on voit survenir à la suite d'un étranglement herniaire par exemple. Il paraît logique d'invoquer une septicémie d'origine intestinale souvent même colibacillaire, et l'atteinte secondaire du poumon par le même germe. Il faudrait dans ces cas multiplier les ensemencements de sang sur tous les milieux. Nous verrons d'ailleurs, que l'expérimentation sur les animaux et le tableau clinique de certaines broncho-pneumonies au cours de diarrhées infantiles ne font que confirmer l'hypothèse que nous avons formulée.

Pneumonie du fœtus.

Dans tous les faits cliniques que nous venons de rapporter pour essayer de démontrer l'importance capitale de la théorie sanguine dans la discussion pathogénique des pneumonies on peut toujours invoquer quelque argument de doute. La pneumonie du fœtus nous apparaît, à juste titre, comme la plus convaincante des preuves, car on ne peut lui découvrir d'autre origine.

La transmission des diverses maladies infectieuses de la mère au fœtus est connue depuis longtemps. La bactéridie charbonneuse, le bacille d'Eberth, le bacille du choléra, etc., peuvent passer de la mère à l'embryon à travers le placenta. M. Netter a prouvé que le même mécanisme pouvait s'appliquer à la pneumonie, et cela non seulement chez les animaux, mais encore chez l'homme.

Dans un cas qu'il relate, une femme, atteinte d'une pneumonie franche du sommet droit, accouche d'un enfant du sexe féminin, le lendemain du jour où la défervescence se produisait. L'enfant meurt et l'autopsie révèle l'existence d'une pneumonie de la plus grande partie du lobe supérieur droit. Il s'agit d'une hépatisation rouge vraie avec présence de moules fibrineux dans les bronches. L'examen microscopique démontre qu'il s'agit d'une pneumonie fibrineuse. La recherche des microbes permet de constater leur existence en grande abondance dans les moules fibrineux du poumon, dans l'exsudat pleural, dans le sang du cœur. Il n'est pas douteux que la pneumonie de ce nouveau-né soit imputable, dans ce cas, à une contamination d'origine maternelle par l'intermédiaire du placenta.

M. Netter a même pu reproduire expérimentalement la pneumonie du fœtus chez le cobaye et la souris. Foa et Bordone Uffredozzi ont, de leur côté, observé la transmission intra-utérine de l'infection pneumococcique chez le lapin. Ortmann a trouvé du pneumocoque dans l'utérus d'un cobaye qui avait avorté à la suite de pneumococcie.

Cette pneumonie du fœtus, qui constitue un chapitre dans l'étude de l'hérédité infectieuse, est assez peu connue encore en raison du nombre restreint des faits publiés.

Dans un cas de Thorner, la mère était enceinte pour la troisième fois, elle accouche à terme après la défervescence de la pneumonie, l'enfant vit trente-sept heures, il y a une hépatisation du lobe inférieur gauche.

Dans l'observation de Marchand, l'accouchement a lieu à terme deux jours après le début de la pneumonie de la mère. L'enfant est pris bientôt après de pneumonie du lobe inférieur droit.

Les cas signalés par Hermann, Huter, Guéniot, Stracham n'ont pas de contrôle histologique. Ceux de Billard, Cruvelhier, Grisolle, Wagner sont concluants et démontrent l'existence de pneumonie congénitale. Hecker, Lévy, Roger signalent de véritables pyohémies fœtales avec de nombreux foyers viscéraux et des épanchements purulents dans les grandes cavités séreuses. Le sang et les organes du fœtus donnaient des cultures pures de pneumocoque sans qu'il y eut de foyers morbides individualisés. Viti, Delestre, Bochenski et Grœbel ont, comme Netter, trouvé le pneumocoque dans le sang et dans les poumons.

La septicémie pneumococcique du fœtus réalise donc, non seulement la pneumonie franche aiguë la plus classique, mais encore la pneumonie infectante. L'affinité pour le tissu pulmonaire du diplocoque de Talamon-Fraenkel, agent de bactériémie, apparaît ici d'une façon manifeste.

MM. Ménétrier et Touraine ont, l'année dernière, étudié très complètement un cas des plus typique à ce point de vue. Nous avons pu, grâce à leur obligeance, analyser l'observation et étudier les coupes histologiques dont nous reproduisons des dessins.

Observation XXIII (*Résumé*). — Une femme enceinte, de quarante-cinq ans, entre à l'hôpital Tenon pour une pneumonie dont le début remonte à sept jours. Elle présente à ce moment tous les signes d'un foyer à la base du poumon droit. La température est de 39°,8. Elle a quelques vésicules d'herpès aux lèvres et son expectoration renferme du pneumocoque en abondance. La défervescence se produit le lendemain. Elle accouche deux jours après d'un enfant mort-né. Elle a dans la suite une pleurésie purulente et une arthrite à pneumocoque, mais finit par guérir. Le fœtus présente une pneumonie des plus nettes. Le poumon gauche est congestionné et, sur le poumon droit, le lobe moyen apparaît plus foncé et plus dense. Du volume d'une noix, cette masse indurée vient en arrière au contact de la plèvre épaissie à ce niveau. En avant, une couche de 2 centimètres environ la sépare du bord antérieur du poumon. C'est en somme un bloc d'hépatisation congestive. Du sang prélevé dans la veine ombilicale et le ventricule donne des cultures de pneumocoque. Les coupes de poumon fixées au Bouin ont porté sur le tissu hépatisé et les portions congestives avoisinantes. Au faible grossissement, l'extrême intensité de cette congestion attire l'attention. Les vaisseaux sont dilatés et de grandes étendues de tissu sont infiltrées de sang en nappes diffuses remplissant et distendant les alvéoles, et dissociant les travées pariétales du parenchyme.

Dans la zone hépatisée, la congestion paraît moins intense, les alvéoles sont remplies par un exsudat fibrino-leucocytaire avec apparence uniforme du tissu, rappelant l'hépatisation lobaire de l'adulte. La fibrine se présente en réseau de fibrilles fines, mais ne forme pas de blocs massifs, de moules alvéolaires compacts, elle constitue une sorte de filet dont les mailles contiennent des leucocytes. De place en place quelques mastzellen. Les épithéliums alvéolaires sont, par endroit, desquamés, quelques cellules se voient encore accolées aux parois des alvéoles bombées, turgescentes et très altérées. Des effusions hémorragiques, une dilatation considérable des bronchioles, une transformation notable du sang épanché dans les portions hémorragiques et, sur des coupes colorées au Gram, des pneumocoques typiques apparaissent dans l'exsudat alvéolaire et dans les vaisseaux sanguins dilatés.

Cette pneumonie fœtale se spécialise donc surtout, dit M. Ménétrier, par l'intensité même de ce processus hémorragique périphérique et par l'abondance des diapédèses leucocytaires dans la constitution de l'exsudat alvéolaire.

Il nous paraît intéressant de noter cette localisation du pneumocoque sur un poumon qui n'a pas respiré, alors que les autres organes ne sont pas touchés.

On peut se demander si les substances pneumococciques élaborées au cours de la pneumonie de la mère ne sont pas capables, transmises par la circulation dans l'organisme du fœtus, de déterminer des modifications nerveuses ou circulatoires créant un lieu de moindre résistance dans l'organe similaire.

Pneumonies et broncho-pneumonies infantiles.

Tous les auteurs qui s'occupent de pathologie infantile insistent sur la grande fréquence des infections pulmonaires, et l'on sait combien les maladies du poumon jouent un rôle important dans la morbidité et la mortalité des enfants.

Il ne nous appartient pas de parler ici des broncho-pneumonies si couramment observées pendant la convalescence de certaines fièvres éruptives ou de la coqueluche.

Les septicémies chez les nourrissons sont aujourd'hui mieux connues depuis les recherches de M. le Pr HUTINEL et de ses élèves MM. CLAISSE, LABBÉ, LESNÉ, KARLINSKI, ESCHERICH, etc. Les déterminations pulmonaires sont loin d'être rares au cours de ces dernières, quel qu'en soit le point de départ. Il est cependant rare de pouvoir apporter la preuve manifeste de l'origine sanguine des pneumonies infantiles.

Le pneumocoque paraît, chez l'enfant comme chez le vieillard, jouer un rôle primordial dans la production des affections pulmonaires, et l'on ne saurait songer à s'en étonner quand on se rappelle qu'aux deux âges extrèmes de la vie la résistance organique est singulièrement affaiblie.

, M. VARIOT, après une étude complète et détaillée sur les signes cliniques et les diagnostics de la pneumonie chez l'enfant, conclut à la fréquence des infections sanguines. Il cite des cas pour lesquels il est facile d'invoquer l'origine hématogène. Une petite fille atteinte d'otite à pneumocoque présente brusquement des symptômes évidents de méningite cérébro-spinale. Quelques jours après, de la matité au-dessous de la clavicule droite et l'apparition de râles crépitants et d'un souffle tubaire font porter le diagnostic de pneumonie du sommet.

Dans une autre observation, un enfant de quatorze mois présente pendant huit jours une température à 40° et, au bout de ce temps, un foyer d'hépatisation pulmonaire se montre au sommet.

TIRARD cite également deux cas de pneumonies infantiles dans lesquelles l'apparition des lésions du parenchyme fut précédée par une longue phase septicémique qui avait fait porter le diagnostic de fièvre typhoïde.

TAYLOR dans une discussion récente sur ce sujet au congrès de la British Medical Association, signale trois péritonites primitives à pneumocoque qui furent suivies secondairement de pneumonie classique.

OLIVA chez un enfant de huit ans, voit se développer une

arthrite purulente à pneumocoque, et ce n'est qu'au cours de la convalescence que survint un foyer d'hépatisation.

Cave rapporte le fait suivant : un enfant de quatre ans est atteint de polysérite de nature pneumococcique et celle-ci était déjà guérie depuis quelques jours, lorsqu'une pneumonie lobaire franche aiguë fit son apparition.

Genta a observé une épidémie de grippe chez l'enfant pendant laquelle tous les patients présentaient d'abord de l'angine. Les localisations les plus diverses du pneumocoque furent remarquées, et dans un nombre restreint de cas des lésions pulmonaires.

M. Lesage nous a dit constater d'une manière courante dans son service les septicémies les plus diverses avec des localisations pulmonaires nettement secondaires. Il attache une importance capitale à la température dans ces cas et chaque fois qu'on se trouve en face d'une température en plateau à 40° durant quelques jours, il conclut de façon formelle à la septicémie pneumococcique.

Le plus souvent, d'ailleurs, il y a de la pneumonie concomitante ou celle-ci est sur le point de se montrer.

Mais ici encore, la bactériémie peut ne pas s'accompagner d'une température aussi élevée et rester pour ainsi dire latente pendant plus ou moins longtemps. Les broncho-pneumonies consécutives aux gastro-entérites infantiles, de tous temps connues, sont évidemment sous la dépendance de l'infection du sang préalable, par les différents microbes venus de l'intestin.

On peut rapprocher de ces cas les processus pulmonaires constatés chez l'enfant après l'appendicite. Deux faits sont à ce point de vue des plus importants à mettre en lumière. Le siège du point de côté abdominal dans la pneumonie de l'enfant prouve que souvent la séreuse péritonéale est, avant le poumon, touchée par le pneumocoque. D'autre part, on peut voir des appendicites se compliquer secondairement d'affections pulmonaires. Nous avons observé ce fait chez l'adulte; MM. Guillemot et Clunet ont observé un cas de broncho-pneumonie survenue chez un enfant de douze ans et consécutive à une appendicite.

L'hémoculture avait permis de déceler la présence dans le sang de germes anaérobies.

A l'autopsie — le petit malade ayant rapidement succombé à l'affection pulmonaire — on trouvait de la broncho-pneumonie et un abcès du foie. Sur une coupe que nous reproduisons, on aperçoit, à l'intérieur des vaisseaux, une multitude des mêmes microbes dont on avait constaté la présence dans le sang et faciles à retrouver dans l'abcès du foie.

Depuis longtemps les poussées inflammatoires du parenchyme pulmonaire ont été constatées au cours de la dyspepsie aiguë dite infectieuse. La fièvre monte à 40° comme dans la scarlatine, il y a des vomissements et une altération de l'état général, puis éclatent les phénomènes pulmonaires.

Le plus souvent il s'agit de broncho-pneumonie ou de pneumonie. Hénoch a décrit des accès d'asthme dyspeptique que Silbermann a retrouvés chez le nourrisson. Ce dernier auteur a signalé des cas d'œdème pulmonaire, invoquant pour l'expliquer l'action des toxines sur le pneumogastrique.

M. Lesage a trouvé au niveau des lésions le bacterium coli commune.

M. Renard dans sa thèse montre dans quelles conditions habituelles se présente cette broncho-pneumonie infectieuse d'origine intestinale. L'enfant est atteint d'une diarrhée très fétide jaune ou verte; le ventre se ballonne, le teint est pâle, les pupilles se dilatent, le foie se tuméfie. Au bout de quelques jours éclate la fièvre, puis les phénomènes pulmonaires font leur apparition sans se distinguer sensiblement de ceux de la broncho-pneumonie ordinaire. La marche est seulement très irrégulière et l'intensité de la maladie est très variable. Dans quelques cas, ces phénomènes sont très graves et la mort arrive vers le dixième ou onzième jour, quelquefois plus tôt, dans les formes suraiguës terminées par asphyxie, mais habituellement, lorsque la mort survient, elle se produit par collapsus. Cette variété de broncho-pneumonie offre un pronostic assez grave chez les enfants au-dessous de deux ans, et paraît contagieuse.

Cette description correspond bien à celle d'une septicémie à point de départ intestinal dont la broncho-pneumonie ne traduit que la localisation pulmonaire.

D'ailleurs M. Sevestre avait déjà été amené à montrer, qu'au cours des dyspepsies et diarrhées infantiles, les complications pulmonaires sont d'ordre secondaire et relèvent de l'entérite infectieuse. « A la suite d'une alimentation vicieuse apparaît une diarrhée infectieuse, dit M. Lesage, dont les manifestations pulmonaires ne sont que la conséquence.

« Les signes d'infection générale existent assez fréquemment dans le cours des diarrhées aiguës alors même qu'il n'existe aucune localisation viscérale secondaire de cette infection. C'est dans les diarrhées bacillaires que les complications sont surtout fréquentes. »

On ne pouvait savoir encore à cette époque si l'on devait attribuer aux ptomaïnes ou à l'infection les phénomènes observés, puisque l'on ne recherchait pas systématiquement les micro-organismes dans le sang. Les manifestations pulmonaires d'ordre infectieux sont cliniquement identiques aux broncho-pneumonies cachectiques que l'on rencontre dans les entérites chroniques et qu'a signalées Roger.

Cependant déjà M. Lesage émettait l'hypothèse de leur nature infectieuse et septicémique « à l'époque de la dentition pendant l'allaitement, si la nourriture est insuffisante, trop abondante ou mauvaise, les digestions s'altèrent, la diarrhée survient d'abord peu intense et apyrétique puis plus forte, continue, fébrile. » La septicémie est constituée. Dans le cours des diarrhées chroniques, si l'on observe des phénomènes analogues, c'est que fréquemment il se produit des poussées aiguës fébriles, traduisant la bactériémie passagère. Ainsi

comprise, la broncho-pneumonie infantile, au cours des entérites, nous apparaît comme l'un des meilleurs exemples de
pneumopathie hématogène.

D'autre part, lorsqu'on sait la fréquence chez l'enfant de
troubles intestinaux et de phénomènes infectieux passagers,
il est logique de penser qu'un grand nombre d'affections pulmonaires sont sous leur dépendance.

Il serait important de multiplier ces recherches, et de
pratiquer chez les enfants atteints de gastro-entérites avec
phénomènes pulmonaires des ensemencements de sang sur
milieux aérobies et anaérobies.

Pneumonies du vieillard.

La notion de l'insidiosité de la pneumonie des vieillards
est de date ancienne, et ce caractère si particulier tient non
seulement à l'atténuation des symptômes, mais encore à ce
que la septicémie pneumococcique latente est fréquente à cet
âge de la vie.

Chez les vieillards que nous avons pu observer à l'hospice
de Bicêtre, le pneumocoque est dans la bouche à l'état
constant, et notre attention a été attirée sur le nombre considérable d'accidents qu'il cause. On peut dire que ses diverses
localisations, et surtout les pneumonies et les broncho-pneumonies, sont dans 80 p. 100 des cas, la cause de la mort du
vieillard.

La tuberculose pulmonaire, au contraire, est beaucoup
plus rare, ce qui tient sans doute à ce fait que les tuberculeux
parviennent rarement à un âge aussi avancé.

L'urémie avec son cortège habituel chez l'adulte, l'albuminurie considérable et les grands œdèmes s'observent exceptionnellement, et le plus souvent on met sur le compte de
l'insuffisance rénale seule, des symptômes qui ne sont que la
traduction d'une infection, atténuée dans ses effets.

Voici deux cas des plus typiques à cet égard, observés

dans le service de M. Pierre MARIE à l'hospice de Bicêtre.

OBSERVATION X. — Un homme de soixante-huit ans vient à l'infirmerie parce que, depuis une dizaine de jours environ, il éprouve de la gêne respiratoire et des vertiges. Lorsqu'on l'examine, on se rend aisément compte qu'il s'agit avant tout d'un brightique. On le soumet à la théobromine et au régime déchloruré, les signes aussitôt s'amendent. Il n'y a à l'auscultation de la poitrine que quelques râles sibilants et ronflants. On se disposait à faire rentrer le malade dans sa division, lorsqu'il se plaignit d'une douleur précordiale, et l'on put découvrir bientôt un frottement péricardique des plus intenses. Les jours suivants et sans grande élévation de température, le frottement disparaît, la matité précordiale augmente considérablement, les bruits du cœur s'atténuent au point de devenir imperceptibles, et malgré l'absence de symptômes généraux, on porte le diagnostic de péricardite purulente. Aucun signe n'attire l'attention du côté du poumon, mais un ensemencement de sang permet de découvrir le pneumocoque à l'état de pureté. Le malade meurt quelques jours après. On retrouve un léger épanchement péricardique et le poumon présente deux ou trois foyers de broncho-pneumonie de nature pneumococcique.

OBSERVATION XI. — X..., âgé de 65 ans, entré à l'infirmerie pour vertiges et éblouissements, était depuis deux mois considéré comme un lacunaire possible et ne présentait aucun signe pulmonaire. L'examen attentif du cœur, qui les jours précédents ne paraissait atteint d'aucune lésion, nous permit de suivre pas à pas l'organisation d'une endocardite. Le diagnostic restait cependant hésitant quant à la nature de cette dernière; la température était normale et le malade conservait un excellent état général.

On assista au développement du processus lésionnel et l'ensemencement du sang pratiqué révélait la présence du pneumocoque, sans que l'on puisse découvrir dans les poumons aucun foyer d'hépatisation. Le malade conserva longtemps du pneumocoque dans son sang, et son état général était tellement satisfaisant qu'il demanda à rentrer dans sa division. La guérison est actuellement complète.

La recherche des réactions humorales nous montrera d'autre part la présence fréquente des anticorps pneumoniques.

Lorsque la pneumonie se déclare, nous n'avons pas constaté qu'elle soit sensiblement différente de celle de l'adulte.

Ces faits nous paraissent plaider, ici encore, en faveur de l'origine sanguine.

Différentes formes cliniques.

ÉPIDÉMIES ET CONTAGION.

La question de la contagion de la pneumonie est actuellement des plus discutées. Un fait est certain, c'est qu'à Peshawar, à Middlesbrough, etc. il y eut de véritables épidémies, et lorsqu'on analyse méthodiquement les observations qui ont été publiées, on voit qu'une phase de septicémie préalable a toujours précédé l'apparition de la pneumonie.

Nous ne voulons pas parler ici des nombreuses épidémies qui furent considérées comme sous la dépendance du pneumocoque ou qui furent qualifiées de grippe, sans qu'il y eut un contrôle bactériologique suffisant.

IMMUNITÉ DE CERTAINES RACES.

Si l'on admet la théorie classique de l'origine pneumonique de toute septicémie à pneumocoque, on explique difficilement les pneumococcémies d'emblée généralisées sans lésion du poumon. Un fait signalé par MARCHOUX est à ce point de vue bien démonstratif.

On sait que les races africaines se montrent plus réfractaires que les Européens à certaines maladies comme le paludisme, tandis qu'elles contractent plus facilement les affections pneumococciques.

MARCHOUX a été, au Sénégal, le témoin de plusieurs faits probants à cet égard. C'est ainsi que sur deux cents tirailleurs sénégalais engagés au Soudan et amenés à Saint-Louis, quarante-huit, soit 24 p. 100, furent atteints d'affections de ce genre et que douze d'entre eux, soit 6 p. 100 de l'effectif, succombèrent. De nombreuses épidémies sur différents points de la région soudanaise reconnaissent le pneumocoque comme agent pathogène. La fréquence de ces manifestations pneumococciques parmi les noirs est d'autant plus remarquable que les Européens qui résident dans la colonie y sont complètement insensibles, en cinq années de séjour au Sénégal.

Tantôt le pneumocoque se localise sur le poumon — et c'est là un fait relativement rare ; — le plus souvent la maladie est envahissante et atteint toutes les séreuses. C'est la méningite cérébro-spinale qui est la manifestation la plus grave et la plus fréquente.

Au mois de mars 1898, le chef de la province du Oualo informait l'administration que la mortalité s'élevait à d'énormes proportions : l'affection qui régnait ressemblait au tétanos et la mort était rapide. Les ensemencements de sang pratiqués donnèrent du pneumocoque, et l'on nota en même temps la présence de nombreuses pneumonies.

CONCLUSION.

Ainsi la clinique nous apporte des preuves multiples de l'origine sanguine des pneumonies. Cette idée n'est pas absolument nouvelle. Des faits analogues ont amené des observateurs tels que M. Segré, en Italie, et M. surtout Desguin, en Belgique, à considérer cette affection comme manifestation locale d'une infection généralisée pneumococcique. MM. Calmette, Vanstenberghe et Grysez, se fondant sur l'expérimentation, admettent également, nous le verrons, que c'est toujours par voie sanguine que le pneumocoque arrive au poumon.

Nous ne saurions mieux faire que de reproduire ici cette phrase du Dr Desguin :

« Même dans une pneumonie franche, fibrineuse, lobaire, la maladie première et principale, c'est la septicémie pneumococcique, et l'hépatisation du poumon n'est qu'une localisation, c'est-à-dire un phénomène secondaire. »

CHAPITRE II

PNEUMOPATHIES AU COURS DE MALADIES INFECTIEUSES.

Pneumonies et broncho-pneuonies grippales.

Il ne nous appartient pas de discuter ici le problème si complexe de la spécificité de la grippe. Il paraît difficile, après avoir parcouru les nombreuses communications qui ont été faites dans les diverses sociétés médicales sur cette importante question, de se former une opinion précise sur son étiologie.

S'il n'est pas douteux, en effet, que certaines épidémies d'influenza, comme celle de 1889-90, encore présente à l'esprit de tous et qui fut si meurtrière, soient sous la dépendance d'un germe pathogène spécifique, il est impossible de reconnaître la même origine à toutes celles qui depuis cette époque se sont succédé dans nos pays.

Les résultats des examens bactériologiques au cours des dernières épidémies ont augmenté l'incertitude qui pèse encore sur la question de la grippe.

MM. BEZANÇON et ISRAEL de JONG ont été amenés par leurs recherches à conclure que la grippe semblait, en 1905, n'être en réalité qu'une affection saisonnière épidémique due à l'exaltation de virulence des microbes commensaux de la cavité bucco-pharyngée, avec prédominance de certaines formes microbiennes.

La présence constante du pneumocoque dans la bouche et à la surface de l'amygdale chez la plupart d'entre nous explique en particulier les rapports étroits qu'affectent la pneumococcie et la grippe.

Il est certain qu'un grand nombre d'affections mises sur le

compte de cette maladie ne furent en réalité que des septicémies à pneumocoque.

M. MÉNÉTRIER, en 1886, dans sa thèse si documentée sur cette question, avant que l'ensemencement du sang ne fut entré dans la pratique courante, avait déjà entrevu qu'on faisait rentrer dans le groupe des pneumonies grippales beaucoup de pneumococcies.

Cette théorie est, en tout cas, d'accord avec les résultats fournis par les moyens d'investigation scientifique modernes.

On sait combien la grippe affecte volontiers l'allure d'une grande septicémie, au point même d'être souvent confondue au début avec la maladie qui peut en être considérée comme le type : la fièvre typhoïde.

Suivant l'appareil qu'elle frappe avec prédominance, on a pu, comme on le sait, lui distinguer trois formes : nerveuse, respiratoire et gastro-intestinale. En se rappelant ce que cette division peut avoir de schématique et en quelque sorte d'arbitraire, on doit reconnaître qu'elle rend un compte exact des divers syndromes présentés au cours de cette affection.

Quelle que soit la forme présentée, il est rare que les phénomènes pulmonaires soient absents : ils apparaissent tantôt au premier plan, tantôt au contraire passent inaperçus au milieu du complexus symptomatique.

Il suffit de lire attentivement toutes les observations publiées en ces dernières années et celles qui figurent dans la thèse de M. MÉNÉTRIER, pour se convaincre que les accidents qui se produisent dans l'appareil respiratoire au cours de la grippe sont manifestement secondaires à une septicémie préalable et, par conséquent, nettement d'origine sanguine.

Il nous a été donné d'observer, dans le service de M. le Dr CAUSSADE, une épidémie de grippe qui amena dans notre service de l'hôpital Tenon près de cent vingt malades en l'espace de deux mois : nous pouvons apporter quelques faits précis en faveur de cette hypothèse.

Un des cas princeps de ce mémoire dont nous avons relaté l'histoire au chapitre *pneumonies* se montra pendant cette période.

Voici d'autres observations qui, malgré l'insuffisance des recherches bactériologiques pratiquées, sont, croyons-nous, des plus démonstratives.

OBSERVATION XII. — *État grippal; pneumonie avec œdème aigu.*

Jel..., puisatier, entre à l'hôpital Tenon, parce que depuis quelques jours il ressent des douleurs vives dans l'abdomen, une sensation de courbature généralisée, de la céphalée et de la rachialgie. Le début de l'affection a été insidieux et s'est traduit par quelques frissons, une élévation de la température à 39° ; les symptômes abdominaux ne sont survenus que la veille de l'entrée à l'hôpital. Le malade est d'aspect robuste ; son faciès est vultueux, les pommettes rouges, l'œil brillant avec une conjonctive légèrement subictérique. La palpation de l'abdomen est douloureuse, mais on ne trouve pas de signes nets de péritonite. Ce n'est que cinq jours après, alors que les phénomènes abdominaux se sont amendés, que le malade se plaint d'un point de côté à droite ; la percussion et l'auscultation révèlent la présence, à la base du poumon, d'un foyer de congestion. Il y a un léger ictère, le foie est augmenté de volume, la rate nettement sensible. Les jours suivants, une expectoration extrêmement abondante traduisant l'œdème pulmonaire se montre ; elle est faite de crachats séro-albumineux dans lesquels l'examen bactériologique décèle de nombreux diplocoques encapsulés. Un ensemencement de sang donne une culture pure de pneumocoque. Le tableau clinique se précise ; un souffle apparaît et bientôt l'expectoration diminue et la crise urinaire de la défervescence se produit ; le malade sort de l'hôpital entièrement guéri après un mois de séjour.

En résumé, on voit que l'état grippal du début doit être attribué à une pneumococcémie. Bien que rien ne nous autorise dans ce cas à nier de manière absolue l'origine aérienne des accidents pulmonaires présentés, il nous paraît plus vraisemblable de les rattacher à la septicémie concomitante.

OBSERVATION XIII. — *État grippal; pneumonie bâtarde du sommet droit ; mort par urémie.*

Un autre malade, L..., homme de peine, âgé de quarante-six ans, entre le 18 janvier 1907, à l'hôpital Tenon, dans le service de M. le Dʳ CAUSSADE, salle Trousseau, pour douleurs thoraciques avec gêne respiratoire extrême. Son affection actuelle remonte à six jours environ et a débuté par un point de côté au niveau du mamelon droit et par de la dypsnée. Mais le malade était déjà, depuis une quinzaine de jours, dans un mauvais état général, avec céphalée fréquente et fatigue rapide au moindre effort.

Du 12 au 18 janvier, la dypsnée fut intense, la température élevée, l'expectoration abondante, spumeuse et aérée, et c'est devant la persistance de tels symptômes qu'il se décide à venir à l'hôpital.

Le jour de son entrée, c'est-à-dire le sixième de sa maladie, la température est à 38° ; le pouls à 140, mais fort et bien frappé. Le visage est vultueux, la dyspnée extrême. A l'examen du poumon, la percussion dénote en avant, au sommet droit, une zone de matité et en arrière de la submatité dans toute la hauteur.

L'auscultation révèle, en avant, à droite, une abolition du murmure vésiculaire ; à gauche, de gros ronchus sonores. En arrière, à droite, râles crépitants et sous-crépitants à la base, râles de gargouillement tellement nets dans la région moyenne que l'on pouvait penser à la présence d'une véritable caverne. A gauche, quelques râles fins de congestion à la base.

L'examen du cœur, avec une tachycardie très marquée, montre par moment une légère arythmie. Le foie dépasse de deux travers de doigt les fausses côtes et est légèrement sensible. Les urines sont rares, très hautes en couleur et légèrement sanguinolentes ; elles contiennent de l'albumine en grande quantité et quelques pigments biliaires décelés par la réaction de Gmelin. Le 20, l'état général est des plus mauvais ; la température est à 40°, le pouls à 130, la dypsnée et la cyanose ont plutôt augmenté. Les signes stéthoscopiques ne se sont guère modifiés ; l'expectoration, légèrement teintée, contient du pneumocoque en abondance.

Le 21, la cyanose est plus marquée que la veille. Au poumon, à droite, la respiration est soufflante à la base. Le sommet est le siège de râles sous-crépitants et de fins râles sibilants ; mais la température descend, le pouls reste à 110, et en présence des phénomènes pulmonaires congestifs de l'albuminurie, de l'hypertension (19 au sphygmo-manomètre de Potain) et de l'arythmie, on pratique une saignée de 400 grammes. Les phénomènes s'amendent, mais le surlendemain, le malade meurt assez brusquement au milieu d'une crise d'urémie.

Le diagnostic était resté longtemps hésitant entre grippe, pneumococcémie et fièvre typhoïde. A l'autopsie on constate de l'œdème pulmonaire à gauche, et le poumon droit est le siège d'une congestion intense. Il existe un véritable bloc d'hépatisation rouge de tout le lobe supérieur. Le cœur est gros sans lésion typique, le foie a augmenté de volume, les reins très altérés. Il y a dans tous les organes du pneumocoque en abondance

En résumé, l'histoire clinique de ce malade paraît démontrer qu'il s'agissait d'une septicémie à pneumocoque avec localisations pulmonaires et rénales.

Nous avons eu l'occasion d'observer un cas de spléno-pneumonie survenue manifestement au cours d'une affection pneumococcique. Il demande à être rapproché de ceux que M. Lemoine (de Lille) a récemment signalés dans une épidémie de grippe.

En voici d'ailleurs l'observation résumée que nous devons à l'obligeance du Dr Baudouin (de Tours).

Observation XIV. — *Spléno-pneumonie grippale.*

Un homme de trente-quatre ans, charretier, entre à l'hôpital de Tours le 11 novembre 1906, pour courbature généralisée, douleurs abdominales et céphalée intense. Malade depuis une dizaine de jours, éthylique avéré, il est pris le lendemain de son entrée à l'hôpital d'un délire ayant les caractères du délire alcoolique. Après un séjour d'une semaine environ, le malade est pris brusquement d'un point de côté violent et d'un frisson unique et prolongé. Le faciès est celui d'un pneumonique ; il a une dyspnée considérable (40 respirations par minute) ; la température, qui était à 38° les jours précédents, monte brusquement à 40°, le pouls à 120. L'examen du thorax révèle, en arrière et à gauche, une abolition complète des vibrations thoraciques dans les deux tiers inférieurs du poumon.

Une matité absolue hydrique au même niveau, un souffle à timbre presque amphorique, aucun râle, abolition complète du murmure vésiculaire, égophonie et pectoriloquie aphone ; en arrière et à droite, diminution des vibrations, murmure vésiculaire diminué. La ponction ne permet de retirer aucun liquide comme l'auraient pu faire supposer les symptômes physiques. L'ensemencement du sang a montré du pneumocoque en abondance. A l'autopsie, il n'y a pas d'épanchement pleural et l'on trouve une broncho-pneumonie à tendance hémorragique. Sur les coupes histologiques, des paquets de pneumocoques se montrent dans les alvéoles pulmonaires et au sein des vaisseaux.

On retrouve aisément dans la littérature médicale de ces dernières années des pneumonies et des broncho-pneumonies grippales manifestement survenues au cours de septicémies pneumococciques. M. Rendu, en particulier, a relaté un cas de grippe ayant été précédée par une angine érythémateuse à pneumocoque qui fut suivie d'une broncho-pneumonie grave ayant causé la mort du malade.

M. Fiessinger a étudié les rapports qui existent entre la grippe endémique et la pneumonie et arrive à cette conclusion que ces deux maladies évoluent simultanément, la première atteignant de préférence les enfants, la seconde les adultes et les vieillards.

C'est surtout dans le récit détaillé de deux épidémies récentes d'influenza que nous pourrons trouver la preuve de l'action du pneumocoque. Rose a donné récemment des renseignements précis sur une épidémie qui a sévi dans le service des maladies chroniques de Burgespital de Strasbourg. La maladie fut apportée par un patient qui était allé visiter au dehors un de ses parents souffrant. Il fut pris le lendemain de pharyngite et trois jours après de bronchite ; douze heures plus tard un autre malade de la salle se plaignait de douleurs dans la gorge, et trente-six heures après une jeune cyphotique d'une salle voisine, qui avait joué aux cartes avec les précédents, présenta une angine typique. Dans l'espace de sept jours, neuf malades sur dix couchés dans la première salle étaient touchés, et l'épidémie gagnait rapidement les autres salles de l'hôpital et le personnel infirmier. Chez la plupart des sujets la maladie débuta par un frisson et une fièvre à 39° ; ils se plaignaient de céphalée, de douleurs à la déglutition, de fatigue, d'abattement et de rachialgie. Objectivement, on trouvait une rougeur diffuse du pharynx avec exsudation purulente, et dans quelques cas avec amygdalite pseudo-phlegmoneuse. Ce n'est que secondairement qu'on vit dans dix-sept cas se développer une pneumonie fibrineuse et dans quelques autres de la bronchite ou de la broncho-pneumonie. Trois fois on nota des complications différentes, de la conjonctivite, une otite moyenne suppurée, une arthrite purulente, une néphrite hémorragique. Quand la pharyngite évoluait sans complication, la fièvre durait dix à douze jours et tombait en lysis ; quand il y avait pneumonie, la fièvre se prolongeait quatre ou cinq jours, l'évolution était la même. Il y eut quelques récidives et dans certains cas, la maladie évolua sous forme de septicémie mortelle (sept morts) ; la température avait alors une courbe de fièvre typhoïde, tous présentaient de la pneumonie.

L'examen bactériologique des exsudats pharyngés, de l'expectoration, du mucus nasal, du pus de l'otite et de l'arthrite purulente montra qu'il s'agissait de pneumocoque en culture pure, sauf dans deux cas où le pneumo-bacille de FRIEDLANDER pouvait être incriminé. L'ensemencement du sang donna du pneumocoque à l'état de pureté. L'angine du début précédant l'apparition des accidents pulmonaires, la septicémie consécutive, la présence tantôt d'une pneumonie, tantôt d'une arthrite ou d'un purpura infectieux, donnent une démonstration à la localisation possible sur différents organes du même microbe.

Pendant les mois d'automne, d'hiver et de printemps de l'année 1907-1908 a sévi dans plusieurs villes d'Allemagne, et notamment à Leipzig, une épidémie que les médecins n'ont pas hésité à diagnostiquer influenza. Le début de la maladie était brusque et s'annonçait par des frissonnements répétés, puis survenaient de la céphalgie, des douleurs lombaires et musculaires accompagnées bientôt d'un état de dépression remarquable. L'appétit faisait complètement défaut et l'on constatait une tuméfaction et une rougeur intense du pharynx, du coryza, du catarrhe des conjonctives en même temps que se montrait la fièvre. Beaucoup de malades eurent des méningites sans localisations pulmonaires, d'autres présentèrent des foyers de broncho-pneumonies. CURSCHMANN, qui a pratiqué de nombreuses recherches de laboratoire, a trouvé le pneumocoque de TALAMON-FRENKEL quarante-six fois sur quarante-neuf malades étudiés. Cet auteur rappelle les observations de LUZZATO et de SCHTSCHE-GOLEW démonstratives à cet égard. La notion d'épidémie, la présence du pneumocoque dans les angines constatées, la longue période au début de l'affection pendant laquelle on ne constate aucune localisation, le fait que l'on a pu signaler avec égale fréquence les déterminations pulmonaires et méningées sont, croyons-nous, des arguments suffisants pour reconnaître à tous les accidents la même pathogénie et admettre leur origine sanguine.

Quel que soit d'ailleurs le rôle joué par le microbe de la pneumonie franche aiguë dans les diverses épidémies de grippe, en admettant la spécificité de cette maladie et en reconnaissant au bacille de PFEIFFER la place primordiale dans la genèse de cette affection, il n'en est pas moins vrai que l'origine sanguine donne une explication plus rationnelle de tous les faits observés.

Pneumopathies dans les septicémies streptococciques.

SCARLATINE, ÉRYSIPÈLE, INFECTION PUERPÉRALE.

De tous les saprophytes capables d'acquérir des qualités pathogènes, le plus intéressant, en raison de son ubiquité et de la variété des lésions qu'il occasionne, est à coup sûr le streptocoque, hôte habituel de notre surface cutanée et de nos cavités naturelles et que PETER appelait « le microbe à tout faire ».

Nous savons aujourd'hui que le même streptocoque est susceptible de provoquer la plaque de l'érysipèle, la traînée lymphangitique, le pus de l'abcès, le processus inflammatoire du phlegmon diffus, le caillot de la phlegmatia, les dégénérescences cellulaires les plus diverses, les hémorragies superficielles ou profondes, la fausse membrane de certaines angines. La pathologie générale trouve l'exemple le plus frappant de microbisme latent dans l'histoire de ce microbe qui normalement habite en nous et dont nous avons sans cesse à redouter les assauts. Agent primitif de l'infection dans l'érysipèle, la septicémie puerpérale, le phlegmon diffus, etc., il n'est souvent qu'un agent secondaire, et le rôle qu'il joue dans la production des complications les plus variées au cours de la fièvre typhoïde, de la diphtérie, de la rougeole et de la scarlatine est de jour en jour reconnu plus considérable.

Les accidents pulmonaires sont loin d'être rares dans les affections causées par le streptocoque et succèdent, comme nous allons le voir dans la majorité des cas, à l'infection sanguine. On se rappelle les discussions qui eurent lieu il y a quelques années sur la question de l'existence d'une pneumonie ou broncho-pneumonie de nature érysipélateuse. HAMBURGER (de Strasbourg), désignait déjà en 1879, sous le nom de *pneumonia migrans*, une pneumonie survenant chez les érysipélateux, sans nullement évoquer l'idée d'une localisation de la même affection sur la face et sur le poumon. STRAUSS, le premier, en décrivit les caractères anatomiques, et à dater de cette époque, les observations se multiplient. WEICHSELBAUM, en 1886, rapporte vingt et un cas de pneumonies à streptocoque consécutives à l'érysipèle ou précédant cette affection. Leur forme anatomo-pathologique était tantôt celle de la pneumonie lobaire franche, tantôt celle de la broncho-pneumonie. WEICHSELBAUM avait fait de l'agent pathogène causal une espèce particulière qu'il nommait *Streptococcus pneumoniæ* et qui ne diffère en rien des autres streptocoques.

M. MOSNY décrivit le premier la broncho-pneumonie érysipélateuse primitive sans lésion dermique concomitante, véritable érysipèle primitif du poumon. Il s'agissait d'une femme de chambre qui contracta une broncho-pneumonie mortelle en soignant son maître atteint d'érysipèle de la face. Le tableau clinique présenté était celui d'une broncho-pneumonie typique ; les cultures et les inoculations démontraient que le streptocoque seul était en cause, la recherche attentive du pneumocoque étant restée sans résultat.

Les broncho-pneumonies qui se produisent dans les septicémies puerpérales ou qui sont nettement secondaires à une angine de même nature peuvent facilement être rapprochées du cas précédent. On a signalé en Allemagne une épidémie de broncho-pneumonie primitive à streptocoque et à *Proteus vulgaris*.

Nous avons eu l'occasion d'observer des affections du poumon dont l'origine septicémique ne fait aucun doute. Un cas des plus démonstratifs nous a été montré par notre ami M. le Dr SCHNEIDER. En voici l'observation :

OBSERVATION XV. — *Scarlatine au décours d'un rhumatisme aigu. Broncho-pneumonie. Streptococcémie. Guérison.*

M..., âgé de vingt et un ans, est entré à l'hôpital du Val-de-Grâce, pour un rhumatisme articulaire aigu. Antécédents héréditaires et personnels nuls. Le malade nie tout alcoolisme.

Maladie actuelle. — Il a été pris, aux environs du 20 janvier 1909, de douleurs, avec gonflement dans les petites articulations des pieds et des mains. Hospitalisé le 22 janvier pour rhumatisme articulaire aigu, il a présenté une forme d'intensité moyenne, bien modifiée par la médication salicylée et sans complications cardiaques.

La température du malade, qui était tombée le 26 et le 27 janvier à 37°, s'élève les jours suivants sans que de nouvelles manifestations articulaires se produisent.

Dans la nuit du 31 janvier, frisson violent, rachialgie, dysphagie douloureuse intenses.

1er février. — A la visite du matin, angine et exanthème scarlatineux des plus nets, évacuation sur le service des contagieux.

2 février. — Même état, tension 21, léger disque d'albumine dans les urines.

Manifestations scarlatineuses encore plus accusées ; hydarthrose bilatérale légère aux genoux.

3 février. — Urines des vingt-quatre heures : 400 grammes (albumine = 0 gr. 50), pouls dur, tension 23.

4 février. — Urines des vingt-quatre heures : 400 grammes (albumine = 0 gr. 50), pouls dur, tension 22.

L'éruption et l'angine pâlissent ; céphalée intense.

5 février. — Mêmes signes. Urines 350 grammes (albumine = 0 gr. 75), tension 22, respiration 28, le malade se plaint d'une certaine gêne respiratoire.

6 février. — Même état.

7 février. — Dès minuit, douleur pongitive à la base droite, gêne respiratoire plus marquée. Urines 200 grammes, tension 23, respiration 32. A l'auscultation, obscurité de la base droite.

8 février. — État sérieux. Urines 175 grammes, respiration 38, tension 24.

Foyer broncho-pneumonique à la base droite en arrière : submatité sur un travers de doigt, souffle inspiratoire rude, râles sous-crépitants fins ; *pas d'expectoration.*

9 février. — État plus grave encore. *Anurie complète* ; respiration 40, tension 24 (pouls serré, vibrant).

Foyer broncho-pneumonique plus étendu ; *pas d'expectoration* ; cœur tumultueux.

10 février. — Même état. *Anurie complète* ; respiration 42, tension 23 à 24. Pas de modifications pulmonaires.

Saignée de 650 grammes : ce sera la seule médication employée en dehors du régime lacté et de la médication externe (ventouses, gargarismes, lavages buccaux, etc.).

11 février. — Légère amélioration ; respiration 34, tension 22.

Le malade, quatre heures après la saignée, a émis quelques centimètres cubes d'urine ; quantité totale dans les vingt-quatre heures : 200 grammes (albumine = un gramme).

Souffle pulmonaire moins intense.

12 février. — Amélioration accusée ; respiration 30, tension 20 à 21. Urines : 450 centimètres cubes (albumine = 0 gr. 75).

Le souffle pulmonaire décroît d'intensité et d'étendue.

13 février. — Même état. Urines : 500 centimètres cubes.

14 février. — Même état. Urines : 550 centimètres cubes.

15 février. — La température du malade s'élève de nouveau sans que l'on puisse trouver la cause de cette ascension thermique : peut-être une légère angine.

Pas de modifications du pouls et de la respiration. Du 14 au 15, 800 centimètres cubes d'urine (albumine 0 gr. 25).

16 février. — Même état.

Du 15 au 16, 1 000 centimètres cubes d'urine (traces d'albumine).

La température tombe les jours suivants. Après le 21 février, la guérison s'accuse, la quantité d'urine redevient normale, l'albumine disparaît ; desquamation à grands lambeaux des extrémités par la suite.

Une ponction de la veine, pratiquée avant la saignée du 10 février, a permis d'isoler du sang un streptocoque qui s'est lentement développé et s'est montré avirulent (simple rougeur érythémateuse au point d'inoculation).

Un soldat d'infanterie coloniale âgé de vingt-sept ans entre au Val-de-Grâce avec une scarlatine. L'état général est des plus mauvais. Il y a du streptocoque dans le sang et le malade meurt en quarante-huit heures.

A l'autopsie, on trouve un foyer de splénisation à une base pulmonaire et de la pleurésie exsudative.

Un enfant, au cours d'une scarlatine, présente brusquement tous les symptômes d'une pneumonie sans expectoration. L'absence du pneumocoque et la présence dans le sang du streptocoque permettent aisément d'en déterminer la nature exacte.

Un malade atteint d'érysipèle de la face que nous avons examiné au Val-de-Grâce avec M. Schneider et chez lequel un ensemencement de sang avait montré que le streptocoque avait dépassé le derme pour pénétrer dans la circulation, fit un foyer de congestion pulmonaire avec présence de streptocoque dans l'expectoration. Après une ébauche de défervescence, il y eut recrudescence de toutes les manifestations septicémiques, d'autres déterminations pulmonaires (congestion d'une base et bronchite généralisée) firent leur apparition et le malade succomba bientôt dans le coma.

Dans tous ces cas, le streptocoque a certainement emprunté la voie sanguine pour aller se localiser aux poumons.

Les broncho-pneumonies qui se montrent si fréquemment dans les septicémies puerpérales, ne peuvent reconnaître, pour la plupart d'entre elles tout au moins, une origine différente.

Un cas dont nous avons relaté l'histoire avec M. Claisse est à ce sujet aussi démonstratif.

Observation XVI (*Résumé*). — *Septicémie puerpérale.*

Une jeune femme de dix-neuf ans, accouchée depuis sept jours, entre à l'hôpital de la Pitié, avec une température élevée et avec un érythème généralisé qui a tous les aspects de l'éruption de la scarlatine. Il n'y a pas d'angine, et les antécédents de la malade, l'écoulement par le col utérin de quelques lochies ne laissent aucun doute sur la porte d'entrée de l'affection.

On pratique un curetage et on ensemence le sang qui donne une culture de streptocoque et, en milieux spéciaux, des anaérobies.

Après une longue période septicémique sans localisation, mais avec un état général des plus mauvais, la malade éprouve brusquement un point de côté à droite avec dysphée intense. Il y a de la matité à la base du poumon droit ; les vibrations sont augmentées ; quelques râles crépitants éclatent par bouffée à la fin de l'inspiration à ce niveau. On craint une embolie, et la présence des anaérobies dans le sang fait redouter la gangrène pulmonaire. L'évolution montre qu'il s'agissait plutôt d'un foyer de broncho-pneumonie ; et la malade, après deux mois pendant lesquels il y eut de nombreuses alternatives d'aggravation et de rémission, finit par guérir sans aucun reliquat pulmonaire.

Dans le service de M. le Dr Boissard à la Maternité de l'hôpital Saint-Louis, nous avons suivi quelques cas d'affections puerpérales. Trois d'entre eux méritent d'être signalés pour les phénomènes pulmonaires présentés.

OBSERVATION XVII. — A la suite de manœuvres abortives, une malade de vingt-huit ans est amenée à la Maternité de l'hôpital Saint-Louis avec une septicémie puerpérale classique, et l'ensemencement du sang pratiqué le jour même donne des cultures pures de streptocoque. Cinq jours après son entrée à l'hôpital, elle est prise brusquement le soir d'un point de côté violent à droite avec une dyspnée allant jusqu'à l'orthpnée. L'auscultation révèle à la base du poumon droit la présence d'un souffle tubaire entouré d'une véritable couronne de râles crépitants. On porte le diagnostic de pneumonie, mais la malade n'a pas d'expectoration, et les jours suivants, on constate, du côté opposé, un nouveau foyer de congestion pulmonaire. Il y a cette fois une expectoration muco-purulente sans grand caractère, mais contenant du streptocoque à l'état de pureté. Après des injections intraveineuses d'électrargol, la température baisse et la malade sort de l'hôpital guérie au bout d'un mois et demi de séjour.

Dans un autre cas dont l'histoire clinique est exactement semblable à la précédente mais avec une phase de septicémie plus longue, les phénomènes aigus fonctionnels et physiques constatés du côté des poumons firent soupçonner une embolie. L'autopsie démontra qu'il ne s'agissait nullement d'un infarctus, mais d'une broncho-pneumonie hémorragique, et ce fait apporte un nouvel argument à la thèse récemment soutenue par MM. TRIPIER et COMBE sur la nature inflammatoire des infarctus pulmonaires. En voici l'observation :

OBSERVATION XVII. — *Septicémie puerpérale. Streptocoque dans le sang. Broncho-pneumonie hémorragique.*

C..., âgée de vingt-six ans, entre à la Maternité de l'hôpital Saint-Louis, dans le service de M. le Dr BOISSARD, le 19 mai 1909, dans un état typhoïdique. Elle est multipare et a déjà eu cinq grossesses. Son dernier accouchement remonte à cinq jours auparavant à neuf heures du soir, et la délivrance a été normale. Son affection actuelle a débuté brusquement l'avant-veille par des frissons répétés, une élévation de température à 38°,8, une courbature généralisée, une céphalée intense. Lorsqu'on examine la malade à son entrée, l'attention est immédiatement attirée vers le tableau septicémique qu'elle présente. Le faciès est altéré, les yeux cerclés de noir, les pommettes rouges, la langue sèche. L'abdomen est légèrement météorisé et sensible, le foie a augmenté de volume, la rate est percutable sur une étendue de cinq travers de doigt, les urines sont rares, hautes en couleur et légèrement albumineuses.

Rien du côté de l'utérus ni des annexes ne peut expliquer le tableau clinique.

L'état reste ainsi stationnaire pendant deux jours, lorsque brusquement, le 22 mai, la malade est prise d'une douleur très vive à la base du poumon droit ; en même temps la gêne respiratoire est extrême et le visage légèrement cyanosé.

La présence de quelques râles crépitants à la base, sans qu'il y ait de souffle concomitant, font soupçonner la possibilité d'un infarctus pulmonaire, mais on ne constate cependant aucun symptôme du côté du cœur, ni du côté des membres inférieurs où il n'y a pas trace de phlébite.

Un ensemencement du sang pratiqué montre la présence de streptocoques qui poussent en vingt-six heures à l'état pur et sont caractérisés par les chaînettes cocciques habituelles. L'évolution est dès lors rapide et malgré les injections intraveineuses d'électrargol qui sont pratiquées, la malade s'éteint le 26 mai.

En résumé, l'on voit nettement des accidents pulmonaires survenir au cours d'une septicémie streptococcique dont la porte d'entrée utérine ne paraît pas douteuse.

A l'autopsie on trouve, aux poumons, des lésions inflammatoires lobulaires caractéristiques de la broncho-pneumonie avec cependant une tendance particulière aux foyers hémorragiques. Il n'y a pas trace d'infarctus pulmonaire proprement dit, mais une alvéolite catarrhale caractérisée par de la congestion, de la tuméfaction et de la desquamation épithéliale. Il y a en outre une exsudation de fibrine et de globules rouges dans la cavité de nombreux alvéoles, et de la diapédèse de nombreux polynucléaires. Les deux processus paraissent simultanés et rappellent par place l'hépatisation rouge de la pneumonie franche aiguë.

L'étude histologique montre les lésions classiques de la bronchopneumonie. On trouve d'ailleurs de nombreux streptocoques à l'intérieur des vaisseaux, ce qui ne laisse aucun doute sur l'origine sanguine des accidents pulmonaires.

Enfin, une dernière malade présenta, comme la précédente, de la broncho-pneumonie, mais celle-ci ne donna lieu à aucun symptôme bruyant.

On pourrait certes, en pratiquant d'une manière systématique, chez les jeunes accouchées, des ensemencements du sang, montrer que la septicémie est loin d'être rare, mais qu'elle peut passer inaperçue, qu'elle n'aboutit pas fatalement au grand tableau clinique que nous sommes accoutumés à observer et qu'elle est loin d'être sous la dépendance d'un seul germe. Nos recherches, à ce sujet, comme celles de

M. Guénot, semblent, en effet, prouver qu'on trouve le streptocoque dans un tiers des cas.

Il n'est pas douteux qu'il faille mettre sur le compte des mêmes germes septicémie et localisation pulmonaire.

Pneumopathies éberthiennes.

Dans l'évolution clinique d'une fièvre typhoïde, à côté des symptômes abdominaux qui dominent, les signes fournis par l'appareil respiratoire attirent constamment l'attention des cliniciens.

Au début de l'affection, c'est la bronchite dont la présence apporte un sérieux appoint au diagnostic hésitant ; dans la suite, c'est l'accroissement anormal de cette bronchite, les phénomènes de congestion transitoires ou permanents, parfois même des lésions en foyer qui permettent d'établir le pronostic. Enfin, dans certaines formes de fièvre typhoïde à allure bronchitique ou pneumonique, les symptômes thoraciques tiennent le premier rang dans l'aspect général de la maladie ; il faut savoir parfois même en dépister la nature pour affirmer dans ces cas une dothiénentérie latente.

Nous nous occuperons seulement des diverses formes de bronchite, du pneumo-typhus ou pneumo-typhoïde, des lésions de congestion et de splénisation et des broncho-pneumonies qui sont manifestement sous la dépendance de la septicémie éberthienne. La fièvre typhoïde nous apparaissant aujourd'hui comme le type le plus achevé des septicémies humaines, les lésions du poumon qui sont sous la dépendance directe du bacille d'Eberth sont ici indiscutablement d'origine sanguine.

L'entente a été longue à se faire en ce qui concerne leur nature et leur pathogénie. Les auteurs ne considéraient pas tout d'abord l'agent causal de la dothiénentérie comme facteur principal des lésions broncho-pulmonaires, qu'ils expliquaient alors par des infections associées ou surajoutées.

Les travaux de MM. Chantemesse et Widal sur le pneumo-
typhus, la thèse plus récente de Bancel sur le poumon des
typhiques, ont départagé les opinions à ce point de vue. Ce
dernier auteur a recherché le bacille d'Eberth quinze fois
dans le poumon des typhiques et l'a trouvé six fois. Il est
présent dans les lésions broncho-pulmonaires les plus diverses :
bronchites, congestion, engouement, splénisation, pneumonie, broncho-pneumonie. Il semble se fixer et pulluler dans
les capillaires du poumon, où il est susceptible de devenir
l'agent causal des lésions pulmonaires.

On peut le rencontrer soit pur, soit associé à d'autres germes. Lorsque des microbes différents, comme le staphylocoque, le streptocoque et surtout le pneumocoque, existent
en même temps que lui, il est bien évident qu'il est assez
difficile de déterminer d'une manière exacte la part qui
revient à chacun d'eux dans la production des processus
inflammatoires atteignant les voies respiratoires.

Mais lorsque le bacille d'Eberth existe seul, on peut,
semble-t-il, attribuer à son action ou à celle de ses toxines
les bronchites et les congestions. Certains cas de pneumo-
typhoïde évoluant cliniquement à la manière d'une pneumonie franche, sont aujourd'hui considérés comme pouvant
être causés par le bacille d'Eberth.

Frenkel, en 1886, signale la présence de ce microbe dans
un poumon hépatisé. Arthaud, dans sa thèse, reproduit une
coupe de poumon sur laquelle on voit des alvéoles pulmonaires remplis de bacilles d'Eberth. MM. Chantemesse et
Widal ont rapporté deux cas de broncho-pneumonie et un
cas de pneumonie chez des typhiques où ils trouvèrent du
bacille d'Eberth, et attribuent un rôle certain à ce bacille dans
la pathogénie des lésions.

M. Netter admet la nature éberthienne possible du pneumo-
typhus. Foa et Bordoni obtiennent du bacille en cultivant le
suc d'une région pulmonaire hépatisée. Bruhl cite deux cas
de pneumo-typhus avec examen bactériologique et inoculation

permettant d'isoler le bacille typhique. Castaigne rapporte aussi un cas des plus net avec recherche positive pour le bacille d'Eberth et négative pour le pneumocoque. Enfin, dans les thèses de Bancel, de Polguéré et de Montier, on trouve quelques cas des plus typiques à ce point de vue.

Voici habituellement comment les choses se passent en clinique journalière. L'hypérémie broncho-pulmonaire se traduit par des râles crépitants. Parfois même — et M. Widal insiste sur ce point particulier — les signes de congestion sont tels qu'ils simulent, surtout s'ils siègent au sommet, de la tuberculose pulmonaire, mais ils présentent ce grand caractère d'être instables et passagers.

Nous avons eu l'occasion d'observer des phénomènes semblables chez deux malades atteints de fièvre typhoïde. Que l'on mette ces congestions sur le compte du bacille lui-même ou des toxines produisant de la vaso-dilatation, il n'en est pas moins évident que l'origine aérienne ne saurait être invoquée pour les expliquer.

La splénisation est une lésion de la période d'état ; le début est insidieux et sans fracas, il y a une diminution de sonorité et de la faiblesse du murmure vésiculaire ; des râles plus ou moins analogues aux râles crépitants, dont ils n'ont d'ailleurs ni la sécheresse ni la finesse, peuvent se montrer.

Dans le service de M. Caussade, il nous a été donné d'assister, au cours d'une typhoïde grave, à une crise d'œdème pulmonaire qui ne semblait pas devoir être attribuée à une néphrite typhoïdique. Nous avons pu retrouver du bacille d'Eberth dans l'expectoration, et cet œdème peut être rapproché de ceux qu'ont signalés MM. Caussade, Milhit et Israel de Jong au cours de la grippe et qui étaient de nature pneumococcique.

Sans vouloir parler ici de la pneumonie initiale qui affecte l'allure clinique de la pneumonie franche aiguë et dont la nature vraie est encore discutée, on peut voir survenir au cours ou pendant la convalescence des états pneumoniques dus manifestement, comme nous venons de le voir, à l'action du bacille d'Eberth.

Nous avons eu l'occasion d'examiner dernièrement un malade qui avait présenté une fièvre typhoïde classique avec hémoculture positive, qui fut pris brusquement, au moment même où la température revenait à la normale, d'un point de côté violent à la base droite et d'une dyspnée intense. La percussion donnait à ce niveau une zone de matité, et à l'auscultation on entendait un souffle ayant les caractères du souffle tubaire. L'expectoration était nulle, et une ponction pratiquée dans le parenchyme pulmonaire nous fit découvrir du bacille d'Eberth en abondance. Les phénomènes, d'ailleurs, disparurent assez rapidement et l'affection évolua comme une rechute ordinaire de typhoïde ayant duré une dizaine de jours.

L'observation récente de MM. Caussade et Milhit est des plus démonstrative.

Observation XVIII. — Une malade âgée de trente-deux ans entre à l'hôpital Tenon, au huitième jour d'une fièvre typhoïde classique. Quelques jours après apparaissent les premiers signes d'une pneumonie congestive. Vers le douzième jour, on perçoit de l'obscurité respiratoire à la base du poumon droit, sans qu'aucun signe fonctionnel n'éveille l'attention. Le dix-septième jour apparaissent des crachats sanglants précédés par un point de côté, apparu trente-six heures auparavant avec un frisson intense analogue à celui de la pneumonie.

Il y a des râles crépitants et bientôt un souffle tubaire. Il s'agit donc d'une pneumonie bien spéciale qui semble survenir au moment où la fièvre typhoïde était sur le point d'entrer en lysis, qui relève la courbe thermique typhique pendant deux jours.

Cette pneumonie a duré vingt jours environ ; elle a prolongé de quelques jours, sous une forme locale, l'infection générale. La ponction pulmonaire a permis d'affirmer la nature purement éberthienne de cette complication.

MM. Caussade et Milhit ont d'ailleurs fait remarquer à ce propos que ce cas apportait un appoint décisif à la théorie que nous soutenons.

Quelle que soit la part attribuée aux autres agents pathogènes dans la genèse des accidents pulmonaires observés au cours de la typhoïde, il nous semble logique de conclure à l'action unique du bacille d'Eberth dans la majorité des cas.

Lorsqu'on rapproche ce fait de la constance dans la fièvre typhoïde d'hémoculture positive, si on la pratique d'une façon systématique, on doit nécessairement admettre l'origine sanguine des pneumopathies éberthiennes.

Pneumopathies gonococciques.

On sait depuis longtemps que les gonocoques, loin de rester toujours cantonnés dans le canal de l'urètre, peuvent envahir différents organes de l'économie.

L'infection générale de l'organisme est un fait maintenant admis par tous. L'expression la plus ordinaire de cette infection est le rhumatisme blennorragique. La découverte du gonocoque dans les jointures malades a mis ce point hors de discussion. Parmi les autres manifestations de la septicémie gonococcique, celle qui a peut-être le plus contribué à démontrer la réalité de cette bactériémie, c'est l'endocardite aiguë. Les observations abondent aujourd'hui où l'on a noté l'endocardite au cours de la blennorragie et où l'examen bactériologique des végétations endocarditiques a donné du gonocoque.

Il suffit de consulter le travail récent de MM. Lemierre et Faure-Beaulieu pour en trouver de nombreux exemples.

La possibilité de mettre en lumière la septicémie gonococcique par l'ensemencement du sang a permis, surtout depuis la thèse de M. Lemierre, de saisir le passage du gonocoque dans le sang avant qu'il aille se localiser sur tel ou tel organe déterminé.

Si l'on en juge d'après les cas publiés jusqu'à maintenant, la présence du gonocoque dans la circulation ne semble pas avoir une grande signification pronostique. La phase de septicémie latente qui précède l'apparition du rhumatisme blennorragique et qui ne se traduit par aucun signe clinique appréciable, permet de supposer que, bien souvent au cours de simples urétrites, le gonocoque peut gagner le torrent circulatoire. Suivant sa virulence où les réactions humorales de l'organisme, il peut être détruit rapidement sans que rien puisse déceler sa présence, ou au contraire se localiser dans un tissu dont la lésion attirera seule l'attention sur une septicémie passée inaperçue.

D'après les recherches de BRESSEL, on ne trouverait dans la littérature médicale, avant l'observation qu'il a rapportée, aucune mention relative à la présence de l'agent pathogène dans le poumon.

Dans le cas de BRESSEL il s'agissait d'un homme de trente-deux ans qui avait été traité à l'hôpital pendant un mois et demi environ pour une blennorragie aiguë avec écoulement très abondant. Sorti à peu près complètement guéri, il ne tarda pas à se faire recevoir de nouveau à l'hôpital, l'écoulement ayant réapparu. Au bout de trois jours la sécrétion diminua notablement, mais en même temps le malade se plaignit de violents maux de tête et la température s'éléva rapidement à 39°,8. Les jours suivants, le thermomètre continua à osciller autour de 40°, et bientôt on vit se déclarer la plupart des symptômes de la pneumonie.

A l'examen des crachats, on trouva des diplocoques se décolorant par le procédé de Gram et qui, en raison de leur situation intracellulaire et de leur forme devaient être considérés comme des gonocoques. Ce diagnostic bactériologique fut d'ailleurs confirmé par l'ensemencement du sang qui, au quatrième jour de la maladie, donna de nombreuses colonies typiques de gonocoque. Répétés quelques jours plus tard, alors que l'agent pathogène était déjà localisé au poumon, les ensemencements du sang restèrent stériles. En ce qui concerne l'évolution clinique de l'affection, il y a lieu de noter que la défervescence thermique se fit en lysis à partir du deuxième septennaire pour être complète au bout de quatre jours, tandis que l'état local resta stationnaire pendant quelque temps encore.

Récemment, M. le Pr DIEULAFOY a présenté à l'Académie de médecine deux cas de septicémie gonococcique terminée par la guérison et suivie de fièvre typhoïde. Chez l'un de ces malades se montrèrent des phénomènes pulmonaires des plus intéressants. L'observation mérite qu'on la relate.

OBSERVATION XIX. — Il s'agissait d'un jeune boulanger âgé de vingt-trois ans qui se disait malade depuis une huitaine de jours. Il se plaignait de céphalée, la fièvre était intense, la diarrhée continuelle, et son médecin avait porté le diagnostic de fièvre typhoïde. En l'examinant, on constatait, avec un faciès typhique, des taches rosées lenticulaires sur l'abdomen ; la rate était augmentée de volume, la température dépassait 39°, tout plaidait en faveur de ce diagnostic. Dès le lendemain, la température tombait à 37°,7, pour être bientôt suivie d'une brusque ascension qui en vingt-quatre heures dépassa 40°. Trois jours après son entrée, on trouvait à la pointe du cœur un souffle d'endocardite mitrale, et ce souffle râpeux et presque de timbre musical faisait soupçonner l'endocardite ulcéreuse et végétante.

Le séro-diagnostic de Widal fut pratiqué dans les meilleures conditions avec une culture de bacille d'Eberth fraîche de vingt-quatre heures. Il fut absolument négatif. Il ne s'agissait donc pas d'une infection éberthienne. On finit par découvrir un léger suintement au méat urinaire, et le malade, pressé de questions, avoua qu'il avait eu un mois avant une blennorragie dont l'écoulement s'était brusquement arrêté au moment où était apparu l'épisode fébrile. L'examen bactériologique du suintement urétral permit de constater l'existence du gonocoque. Le diagnostic de septicémie gonococcique était dès lors évident et l'ensemencement du sang sur bouillon ascite peptoné ne tardait pas à en donner la preuve en fournissant une culture pure de gonocoques.

Quelques jours après, le malade se mit à tousser, la respiration devint haletante et bientôt on entendit des deux côtés de la poitrine des râles fins de bronchite capillaire, et aux deux bases, notamment à gauche, un souffle pseudo-tubaire de broncho-pneumonie qui s'accentua les jours suivants. La toux était incessante, l'expectoration était muco-purulente et extrêmement abondante. Ce n'était pas là le tableau clinique de la pneumonie lobaire franche aiguë ; on ne trouvait, d'autre part, aucun indice d'infarctus pulmonaire, car l'expectoration ne contenait pas un seul crachat hémoptoïque. C'était bien une broncho-pneumonie bilatérale avec ses conséquences redoutables.

Chose importante, cette broncho-pneumonie était elle-même une localisation de l'infection gonococcique, car l'examen bactériologique des crachats décela la présence du gonocoque. La fièvre, la prostration, la dyspnée, ne s'amendaient pas, le malade avait des idées incohérentes et pendant quelques jours la situation parut désespérée.

Ce malade fut considérablement amélioré par l'emploi des vaccins gonococciques suivant la méthode de Wright.

Les poumons sont donc parfois infectés au cours de la septicémie gonococcique.

Le malade du Pr DIEULAFOY a été atteint d'une double broncho-pneumonie qui pendant une huitaine de jours a mis sa vie en danger ; ce qui augmente encore l'intérêt de ce cas, c'est que le gonocoque a été constaté dans l'expectoration.

En dépouillant les observations publiées jusqu'ici de septicémie gonococcique, on trouve signalés avec une fréquence relative, la pneumonie, la broncho-pneumonie, l'infarctus pulmonaire constatés à l'autopsie.

Un malade de WYNN eut une broncho-pneumonie. THAYER et LAZEAR trouvèrent un infarctus du poumon et plusieurs noyaux de broncho-pneumonie chez un individu atteint de septicémie gonococcique. A l'autopsie d'un homme qui avait succombé à une infection généralisée à gonocoque, THAYER et BLUMER constatèrent des foyers de broncho-pneumonie hémorragiques. KRAUSE a signalé une double pneumonie.

La pleurésie a été maintes fois remarquée au cours de la septicémie gonococcique.

Une observation de THAYER et LAZEAR concerne un homme de dix-neuf ans qui plusieurs semaines après le début d'une blennorragie fut pris de fièvre et de sueurs profuses.

La culture du sang démontra que ce malade était en pleine septicémie gonococcique. Alors survinrent des complications multiples et il finit par succomber à une pleurésie. A l'autopsie, on trouva 800 grammes de liquide trouble dans la plèvre droite et 550 grammes dans la plèvre gauche. Le liquide de ces pleurésies était riche en gonocoque.

PROCHASKA a relaté un cas analogue. Quelques jours après une blennorragie suivie d'épididymite survint une pleurésie gauche. La ponction donna issue à une sérosité claire qui, ensemencée, fournit une culture pure de gonocoque. L'hémo-culture fut également positive.

Un malade de CHERRER atteint de septicémie gonococcique à forme typhique eut de la congestion pulmonaire et de la pleurésie. Le liquide trouble retiré par ponction contenait du gonocoque et, à l'autopsie, on trouva dans les deux plèvres plusieurs centaines de grammes d'un liquide purulent conte-nant également ce microbe.

Les diverses lésions pulmonaires dues au gonocoque sont indiscutablement, dans tous les cas dont nous venons de rapporter brièvement l'histoire clinique, nettement héma-togènes.

Les lésions des voies respiratoires supérieures se mani-festent au cours de septicémies gonococciques sans que le gonocoque soit présent dans le bucco-pharynx. SIMPSON relate un cas de laryngite blennorragique (enrouement, muqueuse laryngée rouge et léger œdème) chez un garçon de vingt-trois ans atteint d'urétrite et d'arthrite gonococcique des deux genoux, de la hanche, du poignet et de la main gauches.

Certains cas d'infarctus pulmonaire qui ne furent considérés que comme la conséquence d'une endocardite latente, doivent plutôt, croyons-nous, être attribués à des broncho-pneumo-nies hémorragiques d'origine gonococcique. Une observation récente de M. VIDAL publiée dans les *Archives de médecine militaire*, et qui a trait à une broncho-pneumonie suivie de gangrène pulmonaire nettement blennorragique, en peut être donnée comme preuve.

Affections pulmonaires au cours de la méningite cérébro-spinale à méningocoques.

La notion de bacillémie a été invoquée dans la méningite cérébro-spinale épidémique, comme permettant d'expliquer la localisation au niveau des enveloppes du névrax, d'une infection à porte d'entrée rhino-pharyngée ainsi que l'a démontré Westenhoffer.

Des faits rapportés par MM. Netter, Gudyle, Cochez et Lemaire, Lenhartz, Moller, Warfield et Walker, Bettencourt et Franca, Curtius, Jacobitz, Martini et Rhode, Schottmuller, Salomon, Andrevvs, Follet et Sacquépée, Marcovich, Lingelsheim, Simon, Job et Batier ont établi d'une manière indiscutable la réalité de la septicémie méningococcique.

Tantôt il s'agit d'arthrite purulente, péricardite, endocardite à méningocoque survenant au cours de la méningite ; tantôt le méningocoque existe dans le sang sans que jamais se manifeste de processus méningé. Enfin, les signes de méningite peuvent apparaître avant ou après la constatation de la présence du méningocoque dans le torrent circulatoire.

Aussi certains auteurs tels que Radmam, Westenhoffer, Follet et Sacquépée estiment-ils que les lésions méningées sont secondaires à la septicémie méningococcique.

Cette théorie nous paraît donner des faits observés une explication plus rationnelle que celle qui invoque la pénétration directe dans la cavité arachnoïdo-pie-mérienne, par contiguïté, du méningocoque présent dans les fosses nasales et le pharynx.

La très grande majorité des auteurs ont peut-être considéré comme méningocoques des microbes appartenant au *Micrococcus catharralis*. Le mécanisme de l'infection paraît ici celui que nous invoquons pour la pneumonie : — après avoir franchi la barrière périphérique, le méningocoque pénètre dans la circulation générale, soit directement, soit par l'intermédiaire des lymphatiques et, suivant l'expression de Sacquépée, passe la revue des organes et se fixe d'emblée sur celui qui lui convient le mieux : la méninge. — Là, il végète plus ou moins longtemps avec une vigueur variable : la septicémie domine la lésion anatomique, elle peut l'accompagner, elle peut lui survivre.

Nous avons eu l'occasion d'observer dans le service de M. Widal, une méningite cérébro-spinale à méningocoque au cours de laquelle se montrèrent des signes très nets de congestion pulmonaire avec matité et râles crépitants à la base du poumon droit. Le méningocoque fut retrouvé dans le sang et, bien qu'il ne nous ait pas été possible d'établir nettement l'origine méningococcique des phénomènes pulmonaires qui furent d'ailleurs fugaces, il nous paraît légitime de les attribuer au méningocoque ou à ses toxines.

Lésions pulmonaires consécutives à l'infection du sang par les anaérobies.

Les merveilleuses recherches de MM. Veillon et Zuber, Hallé, Rist et Guillemot sur les microbes anaérobies et leur rôle dans la genèse de la gangrène pulmonaire, ont définitivement éclairé la pathogénie de cette affection.

La découverte fréquente de la porte d'entrée des germes pathogènes ayant déterminé le processus nécrotique, la possibilité de trouver dans quelques cas les microbes dans le sang, avant leur localisation dans le parenchyme pulmonaire, la production des mêmes phénomènes par inoculation sous-cutanée des anaérobies à l'animal, font considérer aujourd'hui la gangrène pulmonaire comme presque toujours d'origine embolique.

Cette forme est particulièrement fréquente chez l'enfant. Voilà ordinairement comment les choses se passent en clinique journalière : Un enfant atteint d'une vieille otorrhée, à écoulements fétides mais qui n'influe d'aucune façon sur sa santé générale, présente brusquement, sans que rien n'ait pu le faire prévoir, des signes inquiétants d'une grave affection. Dans certains cas même, la mastoïde est indemne. L'écoulement de l'oreille a passé inaperçu et les symptômes généraux occupent le premier plan : fièvre continue, rapide altération de l'état général, symptômes de l'ictère grave ; l'attention est à peine attirée du côté du poumon ; la mort arrive presque toujours rapidement. A l'autopsie on trouve au niveau de l'oreille moyenne et de ses annexes le point d'origine de ces accidents mortels. La caisse du tympan et les cellules mastoïdiennes sont remplies d'un putrilage fétide. Dans le voisinage, on trouve souvent une thrombose purulente du sinus latéral, parfois un abcès encéphalique.

L'ouverture de la cage thoracique donne l'explication de la gravité du tableau clinique et de la rapidité des accidents terminaux. Les deux poumons sont en effet criblés de petits nodules dont il est facile de reconnaître l'origine embolique. La destruction du tissu pulmonaire accompagnée d'odeur putride, la présence de cavernules pleines de putrilage et de gaz montrent que les poumons sont remplis de foyers de gangrène circonscrite et disséminée.

Si la lecture des observations publiées ne permet pas toujours de voir ainsi se dérouler les diverses étapes du processus, leur analyse méthodique en fait habituellement soupçonner l'origine sanguine. Il n'en est certes pas de même des cas groupés sous le nom de *Gangrène d'origine aérienne* Si l'infection paraît, en effet, avoir bien suivi cette voie, comme par exemple à la suite d'immersion (Bergé, Antony), la démonstration ne peut en être établie de façon certaine. Nous verrons que le refroidissement est capable de déterminer la localisation de microbes en circulation. En tout cas, Guillemot a cherché à reproduire expérimentalement la gangrène pulmonaire par introduction de germes anaérobies dans la trachée de l'animal, sans jamais pouvoir y parvenir.

Au cours des septicémies anaérobiques, les microbes peuvent aller se localiser dans le poumon et y déterminer des phénomènes de broncho-pneumonie avant d'aboutir au processus de nécrose, et parfois même sans jamais amener les lésions à ce stade.

C'est sans doute dans ce groupe que nous devons ranger le cas suivant observé dans le service de M. le Pr Marie.

Observation XX (*Résumé*). — Il s'agit d'un dément, grand gâteux, qui, à la suite d'une ulcération de nature syphilitique compliquée de gangrène, fit une septicémie à anaérobies contrôlée par l'ensemencement du sang.

Les signes les plus nets de broncho-pneumonie qu'il présenta au cours de cette affection, la présence dans l'expectoration des microbes dont on avait saisi le passage dans la circulation, permettent de penser qu'il s'est agi, dans ce cas, d'accidents pulmonaires emboliques.

Nous avons également eu l'occasion d'observer, dans le service de M. Apert, à l'hôpital Saint-Louis, chez un enfant de deux ans, une septicémie anaérobique consécutive à des lésions cutanées et suivie d'une broncho-pneumonie qui emporta le petit malade. En voici l'observation :

Observation XXI. — *Impétigo, anaérobiémie, broncho-pneumonie infantile.*

Enfant de deux ans et demi, amené à l'hôpital Saint-Louis, dans le service de M. Apert, avec de nombreuses plaies cutanées dont quelques-unes sont le siège d'une suppuration abondante et d'autres recouvertes de croûtes épaisses. L'enfant présente, quatre jours après son entrée à l'hôpital, une broncho-pneumonie de la base droite ; l'état général est des plus mauvais, la température à 38° le pouls à 120, la dyspnée considérable. Les troubles gastro-intestinaux sont très marqués et il y a une diarrhée abondante et verdâtre. L'ensemencement du sang en milieux anaérobies donne un bacille allongé et volumineux ressemblant au bacille du charbon, mais dont quelques formes très allongées présentent plutôt l'aspect du vibrion septique. Ce qui permet d'éliminer l'idée d'une contamination cutanée, c'est que ce bacille se trouve à l'état pur. L'enfant meurt une dizaine de jours après son entrée à l'hôpital. A l'autopsie on remarque une broncho-pneumonie double surtout marquée à droite. Sur les coupes histologiques, la broncho-pneumonie est caractérisée par de la bronchiolite, de l'alvéolite catarrhale et exsudative, de la diapédèse des polynucléaires et de nombreux foyers hémorragiques. On aperçoit nettement dans les capillaires, dans les petits vaisseaux frappés par le processus inflammatoire, les mêmes formes bacillaires constatées dans le sang du petit malade pendant la vie.

On pourra voir d'ailleurs dans les coupes histologiques la présence indiscutable, dans les capillaires du poumon, des germes pathogènes.

Il convient peut-être de rapprocher de ces faits les nombreux cas signalés en ces dernières années d'accidents pleuro-pulmonaires au cours de l'appendicite.

6

Pleuro-pneumopathies appendiculaires

M. Dieulafoy a décrit magistralement la pleurésie appendi-culaire et le pyo-pneumothorax de même nature. De nombreux auteurs sont venus apporter des faits confirmatifs.

La septicémie consécutive à l'inflammation de l'appendice a souvent été mise en lumière et fait aisément comprendre comment des germes (le plus souvent anaérobiques) peuvent aller déterminer dans le poumon les accidents les plus divers, depuis la simple congestion jusqu'à la broncho-pneumonie gangreneuse et l'abcès du poumon.

Il nous a été donné d'observer, avec notre collègue Josset-Moure, un cas des plus intéressants à ce point de vue

Il s'agissait d'un homme qui, à la suite d'une appendicite, fit une septicémie longue et qui donna lieu à de multiples incidents. Dans le sang comme dans le pus de l'abcès appen-diculaire, on trouva un streptocoque, un fin bacille anaérobie et un gros batonnet anaérobie facultatif.

Le malade fit consécutivement un abcès pelvien, une orchite, et finalement une broncho-pneumonie avec abcès du poumon consécutif. L'examen bactériologique nous démontra la provenance identique de ces divers accidents qui tous reconnaissaient comme origine la septicémie appendiculaire.

Il est facile de retrouver dans la littérature médicale de ces dernières années quelques exemples semblables et lorsqu'on parcourt l'histoire clinique de la plupart des abcès du poumon dont on a publié l'observation complète, il est rela-tivement aisé de découvrir le point originel de l'affection.

Les septicémies anaérobies sont relativement fréquentes; les accidents pulmonaires signalés par tous les auteurs dans les occlusions intestinales paraissent devoir être mis sur le compte de ces dernières.

Nous verrons, à propos de l'expérimentation sur les ani-maux que MM. Roger et Garnier sont arrivés, comme nous avons également pu le faire avec M. Caussade, à provoquer

chez le chien l'anaérobiémie après avoir produit des occlusions intestinales artificielles.

Dans le cas de MM. GUILLEMOT et CLUNET il s'agissait d'une

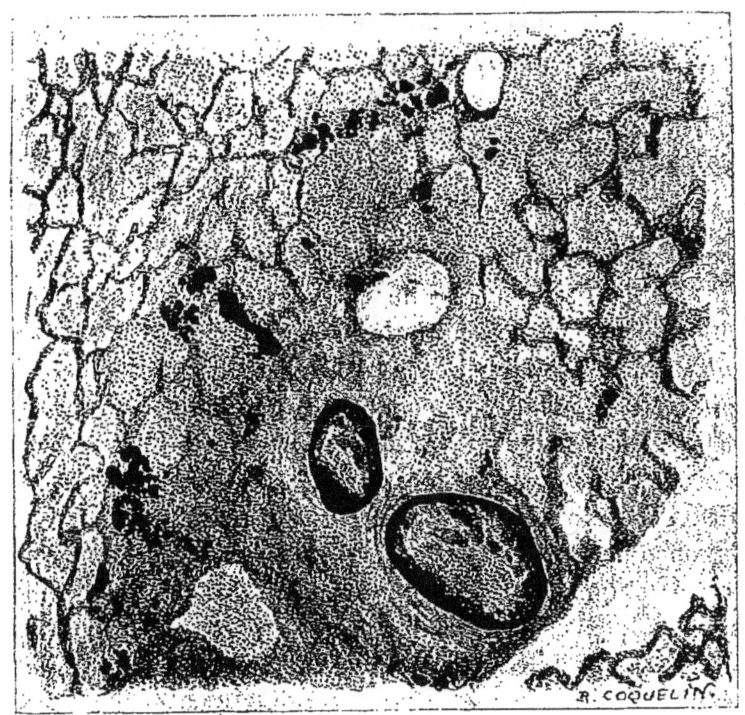

1. — Broncho-pneumonie consécutive à une appendicite (Coupe due à
l'obligeance de MM. Guillemot et Clunet). (Coloration à l'hématéine éosine)
(Fixation au Bouin). Exsudat alvéolaire. — Présence dans les alvéoles de
véritables paquets de microbes, bacilles et cocci, analogues à ceux trouvés
dans le sang pendant la vie.

broncho-pneumonie consécutive à une appendicite chez
un enfant. On retrouve dans les coupes du poumon les mêmes
microbes que dans le sang (fig. 1).

Pneumonie pesteuse.

Dans certaines épidémies de peste — et ce sont justement
les plus terribles — on trouve les poumons presque exclusi-

vement atteints. L'épidémie qui a décimé l'Europe et l'Asie sous Marc-Aurèle et dont Saint-Cyprien nous a donné une fidèle description, la grande peste de Justinien en 542, et même l'effroyable *peste noire*, la *mort noire* du XIVᵉ siècle qui emporta le quart de la population européenne, doivent être rangées dans cette catégorie.

Les cas à bubons étaient tellement rares que certains historiens parlent de fièvre maligne épidémique, ce qui ne doit pas nous étonner, puisque jusqu'à ces temps derniers on affirmait qu'il n'y a pas de peste sans bubon, d'où le nom courant de la maladie : *peste bubonique.*

Il est établi aujourd'hui de façon certaine que les grandes épidémies que nous venons de rappeler relevaient de la *peste pulmonaire*. L'existence d'une forme pneumonique de cette maladie ne pouvait échapper longtemps aux bons observateurs. On parla tout d'abord de complications pulmonaires au cours d'une infection pesteuse.

En 1879, lors de la petite épidémie de Wetljanka, on prononça le nom de *pneumonie épidémique*, mais la preuve à cette époque de sa nature exacte était encore impossible ; ce ne fut, en effet, que quelques années plus tard que MM. Yersin et Kitasato découvrirent l'agent morbide de la peste (1894).

En décembre 1896, Childe, à Bombay, en se basant sur l'examen bactériologique des crachats pendant la maladie et sur les résultats recueillis à l'autopsie d'un certain nombre de cadavres pestiférés, a démontré l'existence d'une pneumonie pesteuse primaire.

Wissokowitz et Zabolotny ont observé, en 1897, plusieurs cas de pneumonie pesteuse. A l'heure actuelle il est établi d'une façon absolue, qu'à côté de la peste bubonique, qui n'est que la forme la plus légère de la peste humaine, il existe une peste sans bubon qui évolue sous forme de pneumonie, très fréquente dans certaines épidémies, moins dans d'autres ; la pneumonie pesteuse est une des formes les plus redoutables de cette maladie. Les recherches expérimentales, sur lesquelles nous aurons à revenir, ont démontré que cette pneumonie pesteuse pouvait être considérée comme l'un des plus beaux exemples d'affection pulmonaire d'origine sanguine.

La clinique pouvait déjà le faire soupçonner par l'identité des symptômes, entre cette forme particulière de l'affection et les complications du côté de l'appareil respiratoire que l'on peut voir survenir au cours des épidémies de peste bubonique.

La symptomatologie de cette affection a une ressemblance si étroite avec celle de la pneumonie franche aiguë, que Handford, relatant des cas de « plague-pneumonie » (pneumonie pesteuse), insiste sur la grande difficulté du diagnostic différentiel, sans le secours du contrôle bactériologique. Cet auteur a également observé des pneumonies secondaires chez des malades atteints de bubon pesteux. Il en conclut que l'agent causal de cette affection s'attaque de préférence au système lymphatique et aux glandes, produisant directement la peste bubonique ; lorsqu'il entre dans la circulation sanguine, soit primitivement, soit après avoir franchi l'étape lymphatique, il va se localiser sur le poumon de préférence à tout autre organe.

Il est intéressant de noter que la septicémie pesteuse a le plus souvent un début brusque. Un frisson intense fait bientôt place à une céphalée violente pouvant s'accompagner de douleurs diverses (rachialgie, gastralgie, anxiété précordiale, sensation de brûlure à la gorge). Le visage est pâle et abattu, les pupilles dilatées, il y a anéantissement des forces physiques et intellectuelles, souvent même du délire ; la soif est vive, les lèvres sèches ; les vomissements, la constipation et la diarrhée ne sont pas rares ; la température monte à 40 ou 41°. Si on examine le malade, l'attention est immédiatement attirée par une dyspnée intense, du côté du poumon. A la percussion, de la matité et de l'augmentation des vibrations à la palpation, des râles crépitants et souvent un souffle tubaire traduisent l'hépatisation massive de tout un lobe pulmonaire.

Il semble donc ici que soient cliniquement décelables les deux phases dont nous venons de parler, l'étape septicémique et l'étape pulmonaire.

Il est possible que certaines épidémies observées en Angleterre, comme celles de Middelsbrough, essentiellement caractérisées par des broncho-pneumonies rapidement mortelles et qui furent, comme nous l'avons vu, mises sur le compte de la grippe, sans qu'on ait pu en découvrir alors l'agent spécifique, aient été simplement des épidémies de peste pulmonaire.

Localisations sur les voies respiratoires de la morve aiguë.

La morve est une maladie virulente, inoculable et contagieuse qui sévit particulièrement sur les animaux de l'espèce équine et asine, mais peut également se transmettre à l'homme quand il se trouve en contact avec des animaux malades. Elle est causée par la végétation à l'intérieur de l'organisme d'un agent parasitaire actuellement bien connu, le bacille de la morve découvert en 1882 par BOUCHARD, CAPITAN et CHARRIN. Elle affecte dans sa symptomatologie des allures assez variables pour que ses formes diverses aient été décrites sous les noms différents de *morve* et de *farcin*, s'appliquant : le premier, aux manifestations internes viscérales et plus spécialement respiratoires, le second aux localisations externes et cutanées.

Au cours de la morve chronique, qui apparaît rarement d'emblée, mais qui est le plus habituellement associée et consécutive au farcin chronique, on voit survenir les signes caractéristiques de l'altération des voies aériennes. Dans le sac où la morve est primitive, ces symptômes sont précédés pendant un temps variable de malaises, de douleurs vives dans les membres, parfois d'un point de côté extrêmement pénible ; les malades mouchent une humeur puriforme, souvent mêlée de croûtes, parfois de sang en caillots. Les phénomènes que l'on observe dans la morve pulmonaire sont rarement pathognomoniques. C'est une toux incessante avec expectoration abondante, des sueurs profuses, de l'amaigrissement, de la perte des forces et de l'anorexie pouvant évoluer pendant des mois et empruntant, comme on le voit, au tableau de la tuberculose pulmonaire chronique, la plupart de ses signes. Pendant toute cette période, peut apparaître, soit une bronchite capillaire, soit une pneumonie avec processus réactionnel aigu.

Dans pareil cas, l'origine aérienne semble évidemment logique ; mais nous verrons que l'expérimentation démontre ici encore la possibilité pour l'agent pathogène d'emprunter la voie circulatoire avant de se localiser sur le poumon. On ne peut provoquer chez l'animal la forme de morve dite « tuberculeuse pulmonaire » qu'en lui faisant ingérer le bacille.

Broncho-pneumonie dans la staphylococcémie.

Le staphylocoque pyogène est l'un des microbes les plus répandus dans la nature, et on le trouve chez l'homme sain d'une manière constante à la surface de la peau. La variété la plus commune et la plus virulente est le staphylocoque pyogène doré. L'ostéomyélite des adolescents est, comme on le sait, causée dans la majorité des cas par ce germe, et PASTEUR l'a désignée sous le nom de « furoncle de l'os ».

Le staphylocoque emprunte certainement la voie sanguine pour aboutir aux bulbes et au périoste. Il est par conséquent logique d'admettre qu'il peut aussi bien se localiser sur n'importe quel organe et en particulier sur le poumon.

On sait qu'expérimentalement, la septicémie staphylococcique chez l'animal provoque des micro-abcès dans tous les organes. L'infection du poumon par le staphylocoque dans la coqueluche, par exemple, est un fait courant.

Haushalter a décrit une broncho-pneumonie de nature staphylococcique et en a observé de nombreux cas. Il les avait attribués d'ailleurs, à une époque où les septicémies étaient mal connues, à une infection par voie aérienne ; mais lorsqu'on parcourt l'histoire clinique de ses malades, on constate que la broncho-pneumonie a presque toujours été précédée par un syndrome septicémique.

Dans des septicémies à staphylocoque doré, consécutives à la furonculose, il n'est pas rare de voir survenir de la congestion pulmonaire et même de la broncho-pneumonie.

Ce sont là faits acquis sur lesquels il est inutile de revenir. Nous rappellerons seulement qu'un jeune chirurgien des hôpitaux qui fit une septicémie à staphylocoque doré à la suite d'un abcès cutané, succomba à une broncho-pneumonie double.

Tuberculose pulmonaire d'origine sanguine

Si l'origine digestive de la tuberculose pulmonaire chronique est encore à l'heure actuelle très discutée, la fréquence de la bacillémie tuberculeuse avec lésions secondaires sur tous les organes et en particulier sur le poumon, est un fait définitivement admis.

Les travaux de M. le Pr Landouzy et de ses élèves sur les septicémies tuberculeuses et la typho-bacillose en ont montré toute l'importance et fait comprendre la pathogénie des divers accidents qu'elle cause.

En ce qui concerne l'observation humaine, des faits cliniques probants ont été enregistrés. La notion de bacillémie n'est-elle pas d'ailleurs nécessaire à la compréhension de la granulie généralisée, de la tuberculose fœtale et de la tuberculisation de tous les organes profonds où les bacilles ne sauraient avoir d'accès direct.

Des preuves anatomiques de la septicité du sang sont fournies, comme l'étude anatomo-pathologique permet de le prouver, par les lésions que présente si fréquemment l'appareil vasculaire des tuberculeux.

Depuis les premières constatations de WIRCHOW, de WEIGERT, l'action directe du bacille de Koch a été maintes fois retrouvée sur les parois des veines ou des artères de la grande ou de la petite circulation. Les résultats négatifs avaient tout d'abord fait accueillir avec un certain scepticisme la notion de bacillémie tuberculeuse ; il appartenait à la clinique moderne, aux recherches de laboratoire et à l'inoculation aux animaux d'apporter un argument décisif en faveur de cette conception.

Nous ne pouvons entrer dans le détail des nombreux cas cliniques observés, où la mise en circulation dans le torrent circulatoire d'un bacille de Koch, depuis longtemps cantonné dans les voies lymphatiques, est seule capable d'expliquer la production des accidents granuliques présentés.

La bacillémie, bien étudiée à tous les points de vue par M. LANDOUZY, suffit à donner un exemple frappant entre tous de la localisation secondaire sur le poumon d'un microbe en circulation dans le sang (1).

MM. WEILL et MOURIQUAND ont trouvé dans les services de médecine infantile, quantité de petits malades atteints de typho-bacillose ayant reçu le contrôle bactériologique et dont le diagnostic clinique n'avait pu être posé de façon certaine. Ces auteurs croient pouvoir comparer la typho-bacillose à la pneumococcie infantile dont elle affecte, comme nous allons le voir d'ailleurs, presque tous les caractères.

Quand on parcourt l'histoire clinique des diverses septicémies qui frappent l'enfance parfois même sous forme

(1) Dans des cas observés dans le service de M. Widal, Gougerot a par l'inoculation au cobaye, montré la nature tuberculeuse des états typhoïdes observés. Après une phase de typho-bacillose, il y eut une phase pleurale et l'on put déceler la présence de bacilles dans la plèvre.

d'épidémie très meurtrière, l'attention est attirée par l'identité des symptômes présentés.

Voici quelques exemples des plus typiques à ce point de vue.

MM. Weill et Mouriquand citent le cas d'un enfant de quatorze ans ayant présenté pendant près d'un mois un tableau septicémique sans aucune localisation ; l'aspect du petit malade donnait l'impression d'une fièvre typhoïde, mais le séro-diagnostic de Widal s'était montré à plusieurs reprises négatif. Le premier symptôme positif traduisant la lésion de l'appareil respiratoire apparaît le dix-neuvième jour de l'affection sous forme d'un point de côté à la base droite avec matité et obscurité respiratoire. Il s'agissait de congestion pleuro-pulmonaire avec un léger épanchement que la cytologie, les éro-diagnostic de Courmont, les réactions à la tuberculine démontrent nettement de nature tuberculeuse.

Les localisations tardives de la typho-bacillose sur le poumon sont aussi plus fréquentes qu'on ne le croit. Voici un exemple typique de pneumonie caséeuse consécutive à une longue phase de septicémie bacillaire.

Une enfant de quatre ans entre à l'hôpital se plaignant de maux de tête accompagnés de vomissements alimentaires, le début remontant à cinq ou six jours. La petite malade est fébrile depuis ; elle est aussi somnolente. La température oscille d'abord de 39 à 40°, il y a quelques douleurs dans l'abdomen et une diarrhée abondante de selles liquides et jaunâtres. Le faciès est celui d'une typhique. La langue est saburrale au centre et rouge sur les bords ; mais il n'existe pas d'ulcérations pharyngées, ni de taches rosées ; la rate n'est pas sensiblement hypertrophiée. Le séro-diagnostic de Widal est négatif, mais l'inoculation du sang et le séro-diagnostic tuberculeux sont nettement positifs, il s'agit donc d'une bacillémie à bacille de Koch.

Non seulement l'auscultation la plus attentive ne permet de déceler aucun signe physique du côté des poumons, mais la radioscopie pratiquée montre même un parenchyme pulmonaire absolument transparent. La température, à partir de cette époque fait de grandes oscillations et monte jusqu'à 41°, cependant l'état général est relativement conservé. Ce n'est que douze jours après que l'on constate au sommet droit une augmentation des vibrations et de l'obscurité respiratoire, les jours suivants, apparaissent des râles sous-crépitants métalliques à ce niveau, la lésion pulmonaire est alors définitivement constituée.

C'est donc après plus d'un mois de typho-bacillose que le bacille de Koch se localisa sur le poumon.

Nous pourrions citer d'autres observations identiques, en particulier celle d'une malade de vingt et un ans qui, dans le service de M. WIDAL, présenta pendant près de trois semaines des signes de septicémie aiguë dont la nature tuberculeuse ne fut prouvée que par l'apparition tardive d'une localisation pulmonaire.

Il reste à se demander dans tous ces cas par quelle voie s'effectue l'irruption du bacille de Koch dans le milieu sanguin : les expériences de MM. CALMETTE et GUÉRIN tendent, comme nous le verrons, à prouver que l'origine digestive est la plus fréquente.

Il est difficile en tout cas de démontrer la réalité de cette théorie par les seuls faits cliniques.

M. LANDOUZY a montré quelle valeur diagnostique possédait l'instabilité de la température au cours de ces typho-bacilloses, pendant lesquelles les malades conservent relativement un très bon état général. Mais la bacillose de la première enfance, comme celle du vieillard, peut se montrer sans grande réaction générale et sans élévation appréciable de la température. On comprend donc aisément combien elle peut passer facilement inaperçue et qu'en matière de tuberculose s'impose également cette notion nouvelle de la fréquence des *septicémies latentes.*

Le bacille de Koch peut rester longtemps et sans provoquer d'accident dans la profondeur du tissu adénoïde et dans les divers relais lymphatiques. De là, souvent même sans aucune cause apparente, il passe dans la circulation sanguine, peut être éliminé, comme en témoigne la présence relativement fréquente du bacille de Koch dans les urines chez des malades ne présentant plus que des stigmates atténués de bacillose locale.

Cette porte d'entrée peut être considérée comme l'une des plus habituelles, et les lésions des voies digestives supérieures, dont les bacilloses amygdaliennes et les adénopathies cervicales sont le témoignage, viennent à l'appui de cette hypothèse.

Syphilis des poumons.

L'étude de la syphilis et de ses diverses manifestations a été singulièrement éclairée dans ces dernières années par la découverte de son agent pathogène, le spirochète de SCHAUDINN.

Les stades parcourus par l'infection s'accompagnent de symptômes particuliers qui permettent aisément de les reconnaître.

Après avoir produit par son inoculation locale le chancre initial, le tréponème pâle gagne rapidement les voies lymphatiques et pendant quelque temps séjourne dans les ganglions. Il pénètre bientôt dans la circulation sanguine, et si nos méthodes actuelles d'investigations scientifiques ne nous ont pas permis de déceler son passage dans le sang, cette étape septicémique se traduit cliniquement par l'apparition de la roséole, des syphilides papuleuses et des plaques muqueuses.

Dans ces multiples localisations sur les organes les plus divers, le poumon est certainement l'un des moins touchés.

Il existe cependant des pneumopathies syphilitiques que les travaux de RICORD, GINTRAC, LANDRIEUX, LANCEREAUX, FOURNIER, CORNIL, DIEULAFOY, GAUCHER, MILIAN, etc., ont bien mises en lumière.

Trois formes particulières méritent d'être signalées parce qu'elles nous paraissent toutes relever d'une manière indiscutable de la localisation sur le poumon d'un spirochète qui n'a pu y parvenir qu'en empruntant la voie sanguine : la syphilis pulmonaire héréditaire tardive, la syphilis pulmonaire de l'adulte et la syphilis pulmonaire du nouveau-né et du fœtus.

L'existence de la syphilis pulmonaire héréditaire tardive a été établie par M. FOURNIER qui en a réuni cinq observations. Tantôt il s'agit de syphilose scléro-gommeuse, fréquemment désignée sous le nom de *phtisie syphilitique* en raison des symptômes locaux et des symptômes de dénutrition générale qui la font ressembler à la tuberculose pulmonaire. Tantôt la maladie peut simuler la broncho-pneumonie chronique avec dilatation des bronches, plus rarement affecter la forme de broncho-pneumonie à marche rapide.

MM. HAYEM et DIEULAFOY ont rapporté des cas où, au cours d'une syphilis grave, le tableau clinique soudain prenait l'aspect d'une tuberculose aiguë. A l'exploration de la poitrine, on trouve des signes d'induration pulmonaire avec submatité, augmentation des vibrations thoraciques, râles sous-crépitants et souffle bronchique comme dans la broncho-pneumonie, plus tard du souffle caverneux et du gargouillement. Tous ces phénomènes font porter le diagnostic de pneumonie caséeuse à bacille de Koch, mais l'absence de ce dernier dans les crachats et la guérison rapide par la médication spécifique ne peuvent guère laisser de doute sur leur nature exacte.

Dans ces dernières années, l'attention a été attirée sur les pleurésies précoces qui peuvent se développer au début de la période secondaire, et la découverte récente de tréponèmes dans le liquide pleural paraît établir de la manière la plus formelle leur spécificité.

Nous avons eu l'occasion d'observer un cas de syphilis pulmonaire du fœtus que nous décrirons à propos de l'étude anatomo-pathologique des pneumopathies hématogènes. La présence dans le parenchyme pulmonaire et même à l'intérieur des parois bronchiques de tréponèmes visibles sur les coupes imprégnées au nitrate d'argent donne la preuve la plus manifeste du rôle de cet agent dans la genèse des lésions provoquées.

Le terme de broncho-pneumonie peut être appliqué aux différentes formes de la syphilose pulmonaire diffuse du nouveau-né. Cette broncho-pneumonie se rapproche beaucoup de celle des maladies infectieuses dans ses formes subaiguës et chroniques, elle en diffère par la rapidité de l'organisation scléreuse et par les altérations profondes des vaisseaux.

L'histoire clinique de la syphilose du fœtus n'existe pas. Il s'agit le plus souvent en effet d'un mort-né ; s'il est expulsé vivant, c'est avant terme ; s'il est à terme, il n'est pas viable. La syphilose pulmonaire accentuée est incompatible avec la vie, le fœtus n'a pas assez de force pour respirer, il succombe peu d'heures après l'accouchement. Hochsinger a cependant pu constater des signes d'induration obscurs avec dyspnée et cyanose.

En résumé, nous voyons que la syphilis pulmonaire nous offre un merveilleux exemple de pneumopathie hématogène. Il est intéressant de noter que la bronchite qui existe dans ce cas n'apparaît plus ici comme élément primitif et pathogénique du processus, bien que l'inflammation spécifique conserve comme centre la bronche, parce que celle-ci commande la direction de tout le système vasculaire du poumon.

Déterminations pulmonaires au cours d'affections parasitaires.

Pneumonie paludéenne.

Sous cette rubrique on a fait rentrer une série de cas sur la véritable nature desquels on discute encore. L'apparition de phénomènes pulmonaires graves n'est certes pas rare chez les palustres et ils peuvent revêtir un caractère pneumonique marqué. Voici comment les choses se passent habituellement :

La maladie débute comme une fièvre intermittente ordinaire avec ou sans frisson. Le type est presque toujours quotidien ou tierce. Au bout de quelques jours la fièvre devient plutôt rémittente et se termine ensuite soit par une chute critique, soit en lysis. E n ême temps que la fièvre, apparaissent de la dyspnée, un point de côté, de la toux et une expectoration, tantôt muco-purulente, tantôt franchement pneumonique. L'auscultation et la percussion décèlent parfois dès le premier jour, de l'hépatisation généralement à la base. Mais il arrive souvent que pendant les intervalles d'apyrexie, les signes pulmonaires tant objectifs que subjectifs rétrocèdent ou même disparaissent complètement. La terminaison est souvent favorable ; mais, d'autres fois, les malades meurent dans le collapsus après quatre ou cinq accès fébriles. Ou bien encore, la maladie a dès le début le caractère d'une rémittente ou d'une continue, le tableau clinique rappelle celui de la pneumonie typhoïde, et le malade succombe.

Il ne paraît pas douteux que certaines pneumonies malariennes ne soient pas autre chose que des accès pernicieux à forme pneumonique et relèvent exclusivement du germe paludique.

MARCHOUX a démontré que dans ces cas les crachats ne contiennent pas de pneumocoque, mais des quantités d'hématozoaires pigmentés.

Il est évident, d'autre part, que les autopsies de paludiques font souvent découvrir un foyer d'hépatisation passé inaperçu au cours d'un accès pernicieux et qu'on peut avoir affaire à une pneumonie vraie causée par le pneumocoque. Ce qui est remarquable, c'est l'influence curative qu'exerce la quinine non seulement sur la fièvre, mais encore sur le syndrome pneumonique, preuve évidente, pour certains auteurs, du caractère spécifiquement palustre de celui-ci.

MARTIN, médecin à Déli (Sumatra), a décrit une forme spéciale de paludisme qui évoluerait avec tous les symptômes de la phtisie galopante et provoquerait la formation rapide de cavernes pulmonaires sans qu'on puisse trouver de bacilles de Koch dans les crachats. D'autres auteurs, comme Schuffner, croient qu'il s'agissait de tuberculose vraie chez des paludiques.

Les lésions chroniques déterminées par l'*Hemamœba malariæ* dans le poumon sont connues depuis la magistrale description de Laveran, sous le nom de *cirrhose pulmonaire palustre*.

MM. Letulle et Nattan-Larrier ont pu suivre, trois années durant, un vieux paludéen cachectique ayant présenté à différentes reprises des signes manifestes de congestion pulmonaire pendant les accès. Peu à peu se développaient au-dessus et au-dessous de la clavicule droite tous les signes d'une induration chronique aux poumons. Bien que la mort ait été due dans ce cas à une tuberculisation caséeuse à peu près totale des deux glandes surrénales, la maladie d'Addison ayant évolué d'une façon latente ou masquée du moins par la cachexie paludéenne, le poumon ne présentait aucune lésion tuberculeuse et était très nettement atteint de congestion paludéenne chronique et de sclérose. Cette question est encore à l'étude.

DÉTERMINATIONS PULMONAIRES DU KALA-AZAR.

On donne dans l'Assam, ou vallée du Bas-Brahmapoutre, le nom de *Kala-Azar* (fièvre noire) à une affection d'allure subaiguë caractérisée par une fièvre à type irrégulier et une splénomégalie souvent considérable. Elle se présente sous forme endémo-épidémique et donne lieu à une mortalité élevée. Longtemps confondue avec la malaria, cette maladie a été définitivement individualisée en 1903, lorsqu'on a reconnu qu'elle est due à un protozoaire spécifique, les corpuscules de Leishmann-Donovan.

Cette entité morbide paraît devoir prendre dans la patho-

logie exotique une place de plus en plus importante. Cliniquement, la symptomatologie de l'infection se borne à une
température élevée, une anémie intense, une hypertrophie
du foie et surtout de la rate et quelques signes de néphrite.

Castellani a signalé la pneumonie avec tous ses caractères cliniques, comme pouvant ouvrir la scène ou, dans
d'autres cas, survenir au cours de l'affection. Il n'y a pas de
pneumocoque dans l'expectoration, mais on y trouve la
Leishmania Donovani ainsi que dans le sang et dans le
poumon après autopsie.

La bronchite généralisée et les complications broncho-
pulmonaires sont très fréquentes pour les auteurs modernes
dans le kala-azar; elles sontsouvent, avec la pleurésie hémorragique, cause de la mort.

ABCÈS DU POUMON D'ORIGINE DYSENTÉRIQUE.

La notion du transport par le sang de l'agent pathogène
au niveau des poumons doit être étendue sans conteste aux
parasites animaux. Il ne s'agit plus ici de bacillémie proprement dite, mais de parasitisme. Seule l'amibœmie permet
de comprendre la production d'abcès amibiens primitifs du
poumon, comme il en a été signalé un certain nombre de
cas dans lesquels il était impossible d'admettre le passage
direct du parasite à travers le diaphragme et les plèvres.

ANKYLOSTOMIASE PULMONAIRE.

L'ankylostomiase est essentiellement caractérisée cliniquement par de l'anémie, de la faiblesse, des troubles diges-
tifs et finalement par des œdèmes de la cachexie. Elle est
produite par un ver intestinal, l'ankylostome ou *uncinaria
duodenalis*. Connue en Europe sous le nom d'anémie des
mineurs, elle correspond à ce que l'on a désigné dans les
pays chauds sous le terme d'anémie tropicale, chlorose
d'Égypte, cachexie aqueuse, etc.

Il n'est pas rare de constater, au cours de cette affection, une bronchite catarrhale intense dite catarrhe des gourmes, pouvant occasionner à la longue de l'emphysème pulmonaire. Les phénomènes de congestion sont également fréquents. Nous verrons à propos de l'expérimentation que l'explication de ces phénomènes est la suivante :

Les larves pénètrent dans la peau par les follicules pileux, gagnent les veines sous-cutanées et sont emportées par le torrent circulatoire jusque dans le cœur droit et les capillaires pulmonaires. Trop grosses pour franchir ces capillaires, elles passent dans les alvéoles et remontent par les bronches, la trachée et le larynx, expliquant ainsi tous les faits cliniques observés.

KYSTES HYDATIQUES DU POUMON.

L'histoire clinique des kystes hydatiques du poumon est actuellement bien connue. Ils sont loin d'être exceptionnels surtout dans certains pays (Australie, Islande, République Argentine). Ils peuvent longtemps rester latents et habituellement se traduisent par des hémoptysies faites de crachats sanglants et brunâtres, se répétant pendant des semaines ou des mois et se reproduisant tous les jours. Les signes physiques sont, on le sait, ceux d'un épanchement pleural, et la radiographie permet d'en faire le diagnostic. Depuis le moment où ils se développent, jusqu'à celui où ils se rompent, il peut s'écouler des années pendant lesquelles surviennent des bronchites à répétition, des poussées de congestion pulmonaire, des broncho-pneumonies, des pleuro-pneumonies et parfois même des pneumonies (ANDRAL, BARD et CHAVANNES, DIEULAFOY, HEARN, KHOLINE, LORIEUX, MIRALLIÉ, MORQUIO, WALSHE). On a également signalé des pleurésies que DEVÉ a pu produire expérimentalement.

Dans l'immense majorité des cas, ces kystes primitifs reconnaissent une origine digestive. Si BIRD avait attribué jadis un rôlc pathogénique aux poussières chargées d'œufs de ténia pénétrant par les voies respiratoires supérieures, la possibilité d'un pareil mécanisme est aujourd'hui niée par la plupart des auteurs.

L'embryon hexacanthe introduit dans l'organisme avec les aliments passe par la veine porte, le foie, les veines sus-hépatiques, la veine cave inférieure, le cœur droit et l'artère pulmonaire avant de se fixer dans le poumon.

Nous verrons comment l'expérimentation a permis d'établir d'une façon indiscutable la réalité de ce mode de contamination.

PNEUMOPATHIES DE NATURE MYCOSIQUE.

Bien que jusqu'à présent l'expérimentation seule ait pu démontrer l'inflammation possible du parenchyme pulmonaire à la suite de l'introduction dans les veines de divers champignons pathogènes, il n'est pas douteux que des spores peuvent être directement portées aux poumons par l'intermédiaire des vaisseaux.

Dans les nombreux cas de sporotrichose signalés dans ces dernières années, nous n'avons pu relever la mention de phénomènes du côté de l'appareil respiratoire. Les aspergilloses pulmonaires étudiées par M. RÉNON ne présentent aucun caractère qui permette de déterminer si les germes ont été apportés aux poumons par voie sanguine ou par voie aérienne.

Dans le cas signalé par MM. Chantemesse et Widal l'origine sanguine paraît cependant plus probable.

Dans l'actinomycose le poumon paraît pouvoir s'infecter primitivement et Thévenot, Pic, Naussac ont insisté sur les deux formes broncho-pulmonaire et pleuro-pulmonaire (1).

(1) Au point de vue clinique la forme commune aboutit aux cavernes et simule la tuberculose. Dans la forme pleuro-pulmonaire, il y a le plus souvent des phénomènes aigus (Sokolow) et un épanchement purulent.

Le muguet, se généralise plus souvent qu'on ne le croit. L'*Oïdium albicans* peut ensemencer tous les organes.

Le poumon est parfois atteint. M. Parrot, il y a de longues années déjà, a rapporté un exemple des plus probants de la localisation du muguet dans les vésicules pulmonaires.

Un enfant de treize jours ayant succombé à la suite d'une septicémie de nature indéterminée, on trouve à l'autopsie du muguet dans tout le tube digestif, mais le sommet droit du poumon présente une masse de la grosseur d'un noyau de cerise faisant une légère saillie sous la plèvre, entourée d'un parenchyme splénisé, dans laquelle l'examen microscopique fait voir — au milieu des débris du parenchyme pulmonaire — un nombre considérable de filaments et de spores.

Il n'est pas rare d'observer des phénomènes semblables chez le lapin, qui on le sait, meurt assez rapidement quand on injecte dans ses veines des spores d'oïdium.

Les auteurs américains ont signalé dernièrement l'infection du sang par différentes levures, et parlent de lésions multiples dans tous les organes, sans donner de description particulière sur le poumon.

MM. le professeur Roger et Bory ont montré la fréquence des oosporoses. L'appareil respiratoire est particulièrement propice au développement des oospora. On se trouve en présence de malades qui maigrissent, toussent et crachent. On pense à de la tuberculose ; la présence d'acido résistants dans l'expectoration ne fait qu'accentuer l'erreur. Dans la plupart des cas il s'agit de bronchopneumonies. Il semble que l'origine sanguine soit l'hypothèse la plus plausible. La septicémie oosporique n'est d'ailleurs plus à démontrer.

On discute encore sur la spécificité des blastomycoses, l'on peut faire rentrer dans ce groupe, ou mieux, dans celui des exascoses, des mycoses différentes. Il n'en est pas moins vrai que l'on retrouve le même organisme pathogène dans tous les organes et, comme Harter le signale dans sa thèse, il n'est pas rare de retrouver, dans les observations, des pneumonies, des pleurésies et des arthropathies, manifestement dues au parasite. Dans un cas de Busse-Bushke (de Greifswald) où l'on trouva un atelo-saccharomyces comme cause de l'affection, il y avait des déterminations cutanées multiples. L'hémoculture fut positive et l'on trouva des nodules pulmonaires à l'autopsie. On pourrait aisément en multiplier les exemples et l'on peut en trouver de nombreux dans l'article si documenté de MM. de Beurmann et Gougerot dans le *Traité de Médecine* de Gilbert et Thoinot.

Trois cas, en particulier, méritent d'être signalés : celui de Podak et Fürbringer sur une septicémie amucormycose, celui de Paulin Luceta à rhizomucor et enfin celui de Paltauf, ayant simulé une fièvre typhoïde avec lésions pulmonaires dominantes et l'on trouva le même parasite dans les poumons.

Détermination pulmonaire de la fièvre de Malte.

On a signalé dans la fièvre de Malte, causée, comme on le sait actuellement, par le *Micrococcus melitensis*, une forme particulière qui simule à s'y méprendre la tuberculose pulmonaire, et que certains auteurs avaient décrite sous le nom de *phtisie méditerranéenne*, remarquable par son heureuse évolution habituelle.

Les signes broncho-pulmonaires, la congestion hypostatique, la pleurésie sèche et parfois même l'hépatisation des bases, tels sont les phénomènes que l'on observe le plus communément.

L'absence de localisation au sommet du poumon, l'absence du bacille de Koch dans les crachats et la présence constante dans le sang et le poumon du *Micrococcus melitensis* font en général éviter l'erreur.

Pneumonie et broncho-pneumonie cholériques.

Parmi les complications qui peuvent survenir au cours du choléra, soit au stade algide, soit au stade de réaction, la pneumonie et la broncho-pneumonie sont parmi les plus fréquentes. Insidieuses d'allure, souvent latentes, elles sont d'une haute gravité et évoluent le plus ordinairement avec une rapidité foudroyante. Les divers examens bactériologiques qui ont été pratiqués dans ces cas permettent de penser qu'il ne s'agit pas d'association microbienne, mais bien de localisation sur le poumon du bacille virgule.

Affections pulmonaires dans la lèpre.

On connaît depuis longtemps les phénomènes pulmonaires qui peuvent se montrer au cours de la lèpre. On sait, d'autre part, que le bacille de HANSEN a pu être retrouvé dans le sang des lépreux au moment des poussées fébriles. Il est également évident que des embolies microbiennes peuvent se produire dans tous les organes, et par conséquent dans le poumon, pendant toute la durée de l'affection. Les ressemblances qui existent entre le bacille de KOCH et le bacille de HANSEN, la grande quantité de ces derniers dans les tubercules lépreux, leur passage dans la circulation et la présence dans le sérum des lépreux d'anticorps spécifiques dont la découverte permet d'établir un séro-diagnostic de la lèpre, sont autant d'arguments qui plaidaient en faveur de la spécificité des lésions pulmonaires observées.

Nous avons eu l'occasion, durant notre passage à l'hôpital Saint-Louis, d'examiner un grand nombre de lépreux. Cinq d'entre eux présentaient des lésions pulmonaires affectant l'allure clinique de la tuberculose pulmonaire chronique. L'inoculation des crachats aux cobayes nous a montré qu'il s'agissait bien en réalité de tuberculose. Rien ne nous autorisait, chez deux malades où les méthodes de laboratoire ne nous permirent pas de déceler le bacille de KOCH, à conclure de façon probante à la spécificité des lésions pulmonaires.

On trouve le bacille de Hansen au sein des lésions et dans le sang. Gougerot a montré la marche de l'infection lépreuse; après le chancre d'inoculation le bacille pénètre dans la circulation générale, et c'est souvent la phase de septicémie latente, puis il va coloniser dans tel ou tel organe, en particulier dans le poumon. MM. de Beurmann et Vaucher signalent la présence de bacilles dans le sang au moment d'une poussée fébrile, et dans un cas de MM. de Beurmann et Laroche, la septicémie hansénienne est démontrée par l'hénoculture et la présence de bacilles dans les petits vaisseaux au milieu des lésions pulmonaires et pleurales. Enfin le bacille existe dans le sang, même dans les formes chroniques, comme l'a montré Gravagna.

LIVRE II

ÉTUDE ANATOMO-PATHOLOGIQUE

L'anatomie pathologique apporte-t-elle quelques arguments en faveur de cette conception de l'origine hématogène ordinaire des pneumopathies ?

Il y a lieu, avant de le discuter, de préciser quelle valeur peut et doit être attribuée aux constats nécropsiques et à l'examen histologique des pièces.

Un criticisme sévère exigerait que fût surprise sur le fait la première étape des processus phlegmasiques pulmonaires, que l'étude microscopique des coupes montrât, par exemple, de manière indiscutable, le passage des microbes spécifiques de la lumière des vaisseaux dans le parenchyme même, dès le début des manifestations morbides. Encore serait-il nécessaire de distraire entièrement de cette démonstration les faits où l'origine toxinémique — et par conséquent vasculaire — des lésions demeure seule soutenable, c'est-à-dire tous ceux où l'examen bactériologique ne révèle la présence d'aucun agent microbien. Or, pareil desideratum risque fort de n'être jamais satisfait, car lorsque les autopsies sont pratiquées la mort est survenue à une période plus ou moins avancée de la maladie, et, seule, la coexistence d'un foyer pulmonaire en voie de constitution avec un ou plusieurs autres franchement développés — condition rarement réalisée dans la pratique — procurerait cette preuve idéale.

Mais, à défaut d'un tel criterium, il suffira de montrer que certaines constatations sont de nature à établir la notion de l'hématogenèse des pneumopathies ou que, du moins, toute autre explication de leur origine demeure dans la majorité des cas peu plausible. Dans ce dessein, il est logique de faire une brève revue des affections pulmonaires les plus intéressantes au point de vue spécial qui nous occupe.

Broncho-pneumonies.

Lorsqu'il s'agit de broncho-pneumonies banales, consécutives à la pénétration dans les poumons de microbes pathogènes, hôtes habituels du rhino-pharynx, toute possibilité d'origine aérienne ne peut pas être éliminée. Les lésions bronchiques sont ici marquées, les altérations des artérioles pulmonaires sus et intra-lobulaires offrent une minime importance, surtout localisées, initialement, à la paroi du vaisseau confinant à la bronchiole malade : un processus de contiguïté les explique aisément.

Il est à peine besoin d'insister sur les broncho-pneumonies spécifiques qui surviennent comme complications d'une infection primitivement généralisée (grippe, charbon, peste); en pareil cas, l'interprétation s'impose d'une détermination secondaire par voie sanguine.

L'étude bactériologique des coupes est d'une aide puissante pour confirmer la même notion dans les pneumopathies secondaires à une infection locale : la présence de l'agent microbien dans le sang des vaisseaux afférents est ici d'un intérêt majeur.

Une de nos observations est un exemple de localisation du streptocoque sur un territoire pulmonaire : le microbe peut être décelé non seulement dans les capillaires alvéolaires, mais encore au sein d'un foyer hémorragique interlobulaire (pl. 2). Dans une autre observation qui a trait à une infection à point de départ cutané, les microbes isolés du sang pendant la vie se retrouvent en pleine lumière des artérioles pulmonaires.

Les broncho-pneumonies paraissant la première manifestation d'une infection dont la phase septicémique initiale passe inaperçue, méritent une mention particulière.

Prenons comme type la broncho-pneumonie pesteuse dont on sait l'exceptionnelle gravité et au cours de laquelle la mort survient parfois alors que les lésions sont à peine accusées. Les coupes montrent l'hypérémie vasculaire extrême, l'intégrité bronchique comme dans les broncho-

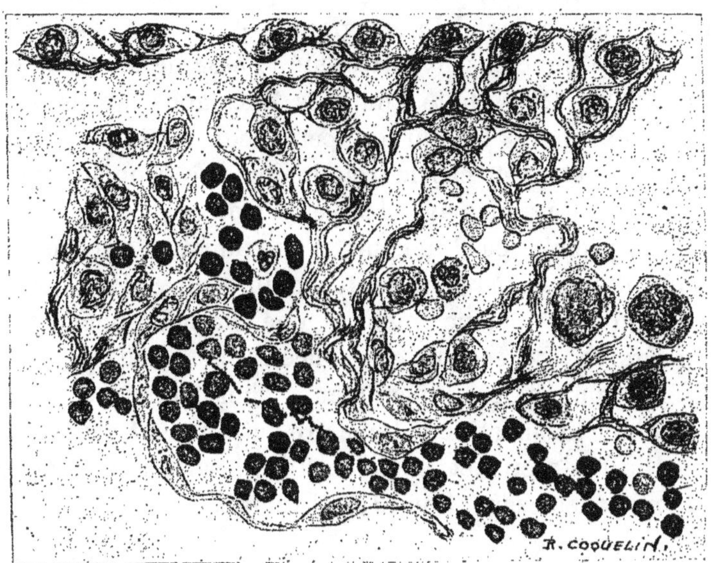

Fig. 2. — Érysipèle. Streptococcémie. — Broncho-pneumonie. — Observation XVI due à l'obligeance du Dr Schneider. — Streptocoque dans un capillaire. — Cette planche montre des streptocoques dans la lumière d'un capillaire pulmonaire dilaté et rempli d'hématies. Desquamation de l'épithélium alvéolaire et apparition de réseaux fibrineux dans les alvéoles.

pneumonies secondaires, l'endo et péri-artérite, la thrombose et les raptus hémorragiques qui prédominent, alors que l'alvéolite proprement dite n'est que modérément indiquée ; à cette période cependant, l'hémoculture est positive : la septicémie primitive régit donc le processus pulmonaire.

La tuberculose ne nous arrêtera pas longtemps. Il est en effet difficile de conclure de manière ferme, étant données les controverses actuelles sur les voies de pénétration du bacille de Koch dans l'organisme ; la voie aérienne et la voie sanguine ont également leurs partisans convaincus, et l'anatomie pathologique, pour les raisons précédemment exposées, ne permet pas de solutionner le conflit dans un sens plutôt que dans l'autre.

Il n'est pas inutile de rappeler ici que, suivant la conception de l'école lyonnaise, les infarctus pulmonaires sont des broncho-pneumonies hémorragiques plus ou moins en rapport avec un cœur hypertrophié (*Thèse* de M. Combes, Lyon, 1909). Deux faits cliniques que nous avons déjà relatés viennent à l'appui de cette constatation d'ordre histologique et prouvent la relation de ces broncho-pneumonies hémorragiques avec les septicémies.

Dans le premier cas, au cours d'une infection puerpérale, on pouvait penser à un infarctus pulmonaire alors que la vérification nécropsique montra une broncho-pneumonie hémorragique. Le second cas concerne un cardiaque avec septicémie pneumococcique latente chez lequel les symptômes d'une localisation pulmonaire entraînaient presque le diagnostic d'infarctus, et cependant il s'agissait d'une broncho-pneumonie avec exsudation hémorragique.

Pneumonies.

La lecture des coupes, soit dans les pneumonies franches aiguës, soit dans les pneumonies secondaires, met en lumière le rôle capital du processus vasculaire aux différents stades. L'apport du pneumocoque se fait-il par voie sanguine? La présence du microbe dans les vaisseaux artériels, si elle ne constitue pas un argument péremptoire, ne contredit pas du moins à cette opinion. En tout cas, la doctrine de l'origine aérienne de la pneumonie n'est pas en accord avec l'intégrité de l'arbre trachéo-bronchique et la localisation de l'infection à certains lobes, qui s'expliquent déjà beaucoup mieux — anatomiquement — par le régime vasculaire des poumons.

La vascularisation sanguine du poumon (artères pulmonaire et bronchique) suivant le trajet et la bifurcation des bronches permet d'expliquer l'infection d'un lobe pulmonaire en entier par voie sanguine.

La répartition des lymphatiques, au contraire (réseau superficiel et réseau profond), n'autorise pas à interpréter la disposition lobaire, elle fait seulement comprendre la propagation d'une infection de la plèvre au poumon, d'un lobule à un ganglion, et cela d'autant plus que la circulation lymphatique, d'après les données les plus récentes de l'anatomie, semble se faire de la périphérie vers les bronches.

Pneumonie du fœtus.

Si l'origine sanguine peut, dans certains cas, n'être même pas discutable, c'est lorsqu'il s'agit de pneumonie fœtale. Nous avons vu dans l'observation de MM. MÉNÉTRIER et TOURAINE, qu'au point de vue anatomo-pathologique il n'y avait pas de très grandes différences entre cette forme et celle de l'adulte. On peut d'ailleurs reproduire leur description :

L'autopsie du fœtus a lieu trente heures environ après l'accouchement.

Il ne présente aucune anomalie extérieure, qu'un certain degré de cyanose ; le cordon semble sain, la veine ombilicale est gorgée de sang. Le placenta n'a pu être examiné.

A l'ouverture de la cage thoracique, les poumons apparaissent turgescents et font hernie à travers l'orifice du plastron sterno-costal ; ils sont volumineux, de couleur rouge clair. Le poumon gauche ne présente de particulier qu'une congestion diffuse. Sur le poumon droit, au niveau du lobe moyen, il existe une zone beaucoup plus foncée, rouge brun, à la face postérieure du poumon et empiétant sur sa face externe. A cette surface, répond dans l'épaisseur du parenchyme pulmonaire un bloc beaucoup plus consistant que le reste de l'organe, dont les lobes supérieur et inférieur présentent la mollesse d'un tissu simplement congestionné. Du volume d'une noix, cette masse indurée vient, en arrière, au contact de la plèvre qui est légèrement épaissie à ce niveau, sans fausse membrane, cependant ; en avant, une couche de 2 centimètres environ de tissu congestionné la sépare du bord antérieur du poumon. A la coupe, la surface en est noirâtre,

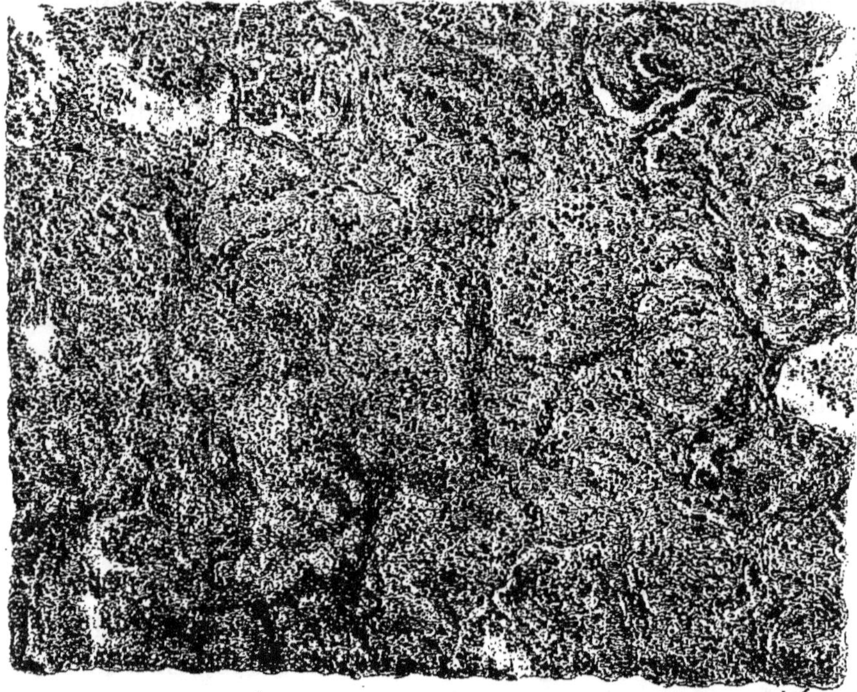

Fig. 3. — Pneumonie du fœtus (Coupes dues à l'obligeance de M. Ménétrier). — Zone hépatisée vue à un faible grossissement. Exsudat fibrino-leucocytaire dans les alvéoles rappelant la pneumonie franche de l'adulte. Épithélium alvéolaire, desquamé. Foyers hémorragiques et congestion périphérique.

compacte, homogène, très finement granitée. C'est, en somme, un bloc d'hépatisation très congestive et à peine granuleuse.

Il n'y a pas d'épanchement pleural. Le péricarde, le cœur, ne présentent aucune altération macroscopique ; le trou de Botal est largement perméable, et, à la partie toute supérieure de la cloison interventriculaire, il existe, en outre, un petit orifice de 2 millimètres environ de diamètre.

Le foie, la rate paraissent un peu plus volumineux que normalement, très congestionnés, sans lésions appréciables à la
coupe. Les reins, les capsules surrénales semblent sains.

Du sang est prélevé aseptiquement dans la veine ombili-

Fig. 4. — Bronchiole située dans le tissu hépatisé, présentant une dilatation considérable de son réseau capillaire avec infiltration diapédétique. Épithélium généralement desquamé.

cale et le ventricule droit du fœtus. Le premier, ensemencé
sur gélose, a donné en vingt-quatre heures des cultures déjà
nettes de pneumocoques, mêlées de quelques petites colonies
de streptocoques.

Le deuxième, ensemencé dans milieu d'agar-ascite, a
donné dans le même temps des cultures pures de pneumocoques.

Des fragments de poumon, de foie, de rein, de rate, de capsules surrénales ont été fixés par le mélange de Bouin.

Les coupes de poumon ont porté sur le tissu hépatisé et les portions congestives avoisinantes.

Aux faibles grossissements, l'extrême intensité de cette congestion périphérique frappe au premier coup d'œil. Non seulement les vaisseaux apparaissent dilatés, gorgés de globules, mais encore de grandes étendues de tissu sont infiltrées de sang en nappes diffuses remplissant et distendant les alvéoles et dissociant les travées pariétales du parenchyme.

Dans la zone hépatisée, la congestion paraît moins intense et l'on voit toutes les alvéoles remplies par un exsudat fibrino-leucocytaire avec une apparence uniforme du tissu, rappelant mieux l'hépatisation lobaire de l'adulte que les lésions plus irrégulières de beaucoup de broncho-pneumonies infantiles. L'exsudat intra-alvéolaire est cependant beaucoup plus riche en cellules qu'il n'est habituellement dans la pneumonie franche de l'adulte. La fibrine se présente en réseau de fibrilles fines, assez égales, diversement enchevêtrées, mais ne forme pas de blocs massifs, de moules alvéolaires compacts. Elle constitue une sorte de filet, tendu au travers des cavités, dont les mailles sont remplies de leucocytes. Ces leucocytes sont pour la grande majorité des leucocytes polynucléaires. Les cellules mononucléaires sont relativement peu nombreuses. On trouve de place en place quelques Mastzellen. Les épithéliums alvéolaires sont dans un très grand nombre de points desquamés et se retrouvent plus ou moins complètement altérés dans les mailles de l'exsudat intra-alvéolaire. Quelques cellules se voient cependant encore accolées aux parois des alvéoles, bombées, turgescentes et aussi très altérées. Toutefois, en ce qui concerne les lésions cellulaires, il faut tenir compte de l'altération cadavérique déjà très prononcée, et qui est vraisemblablement pour beaucoup dans leurs modifications morphologiques. Dans la zone hépatisée, les travées alvéolaires sont généralement comprimées par l'exsudat, et leurs capillaires sont peu visibles et non congestionnés. Mais, de place en place, il s'est produit des effusions hémorragiques, et, à ce niveau, les alvéoles sont remplies de sang épanché, tout comme dans la zone congestive périphérique.

Les bronchioles situées dans le tissu hépatisé présentent une dilatation considérable de leur réseau capillaire, avec infiltration diapédétique au pourtour. L'épithélium en est généralement desquamé.

Dans les portions hémorragiques de la zone congestive périphérique, le sang épanché a subi des transformations notables ; le pigment sanguin s'est précipité en granulations qui tantôt infiltrent le tissu à l'état diffus, tantôt sont encore englobées dans les cellules. Ce sont surtout les cellules épithéliales pariétales qui paraissent avoir effectué cette action phagocytaire, car on en voit un grand nombre, soit encore en place sur les parois, soit desquamées dans les cavités qui sont ainsi gorgées de pigment hématique. Les leucocytes polynucléaires en renferment aussi un grand nombre.

Sur les coupes colorées au bleu polychrome, et mieux encore sur celles traitées par la méthode de Gram, on voit des pneumocoques parfaitement typiques dans l'exsudat alvéolaire et parfois, mais beaucoup plus rarement, dans les vaisseaux sanguins dilatés.

Les lésions histologiques de ce poumon sont donc en somme celles d'une hépatisation avec exsudat fibrino-leucocytaire remplissant les alvéoles, semblable à la pneumonie lobaire, franche, typique et entourée d'une zone périphérique où la congestion a dépassé le degré de la splénisation ou de l'engouement commun pour arriver jusqu'aux épanchements hémorragiques diffus.

Cette pneumonie fœtale se spécialise donc surtout et par l'intensité même de ce processus hémorragique périphérique et par l'abondance particulière des diapédèses leucocytaires dans la constitution de l'exsudat alvéolaire.

L'examen histologique des autres organes : foie, reins, rate, capsules surrénales, ne montre pas de lésions notables. Le foie est très congestionné, les îlots hémopoiétiques y sont particulièrement développés, mais les travées cellulaires ne paraissent aucunement altérées. On y trouve, par le procédé de Gram, quelques pneumocoques dans les vaisseaux.

De telles considérations ne sont pas négligeables en l'espèce et prennent une valeur encore plus considérable si on les rapproche des résultats de l'hémoculture.

L'origine sanguine des pneumonies fœtales, soit isolées, soit associées à d'autres localisations de la pneumococcémie est *à priori* évidente. L'anatomie pathologique ne les différencie pas des pneumonies maternelles typiques ; l'analogie des constats histologiques implique, comme nous l'avons vu, l'identité originelle.

Syphilis pulmonaire.

Chez le fœtus et le nouveau-né, il existe une forme de syphilose diffuse assez analogue au point de vue lésionnel aux broncho-pneumonies subaiguës ou chroniques des maladies infectieuses. Les altérations bronchiques ne légitiment certes pas l'appellation de broncho-pneumonie qui mérite cependant d'être adoptée, dans ce sens (BALZER) que la bronche « commande la direction de tout le système vasculaire et lymphatique du poumon ». Les lésions des vaisseaux dans ce type sont considérables et imposent cette déduction que l'infection générale sanguine est le *primum movens* du processus. Qu'il s'agisse de splénisation simple ou bien de broncho-pneumonie véritable, voire même, à un degré plus accentué, de pneumonie blanche, c'est autour des axes artério-bronchiques (MARFAN) que l'inflammation syphilitique détermine son maximum d'effet ; et si, au stade de splénisation, la congestion des vaisseaux, la stase leucocytique des hémorragies indiquent la première étape sanguine, l'organi-

sation périvasculaire de la sclérose ne fait pas de doutes
pour l'hépatisation blanche terminale,

L'étude anatomo-pathologique des gommes pulmonaires

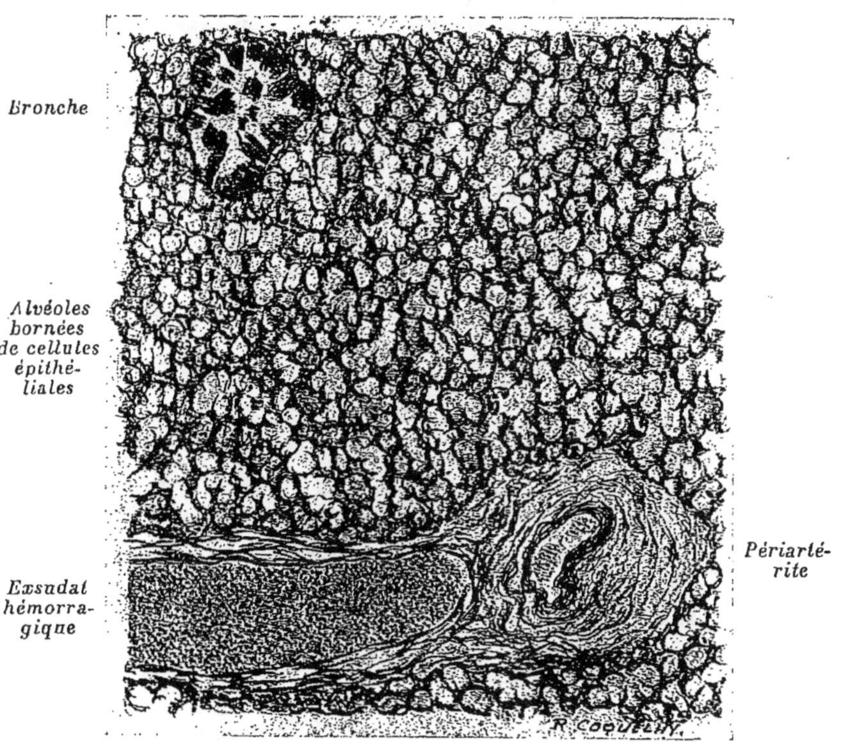

Fig. 5. — Syphilis du poumon. (grossissement 97 diamètres). (Fixation au
liquide de Dominici, coloration à l'hématème éosine. Broncho-pneumonie
syphilitique. — Épaississement fibreux du tissu conjonctif interlobulaire,
péribronchique, périvasculaire. Tout le tissu interstitiel est fibroïde et
infiltré de cellules qui ont l'apparence de lymphocytes. Par places, quelques
cellules épithéliales dans les alvéoles. Périartérite. Bronche avec paroi infiltrée
de cellules rondes et épithélium en partie desquamé. Exsudat hémorragique.

de l'adulte conduit M. BALZER à écrire : « La gomme pulmonaire
résulte de la formation d'un îlot de pneumonie syphilitique,
îlot qui englobe le tissu interstitiel et le parenchyme alvéolaire et qui plus tard devient caséeux, et se nécrose, lorsque
l'hyperplasie des parois vasculaires a fini par amener leur
oblitération » ; et plus loin : « Il faut donc conclure que l'agent

pathogène a bien toujours comme point de départ la paroi des vaisseaux *qui restent longtemps perméables,* mais il agit promptement aussi sur les éléments épithéliaux qui prolifèrent et dégénèrent sous son influence. »

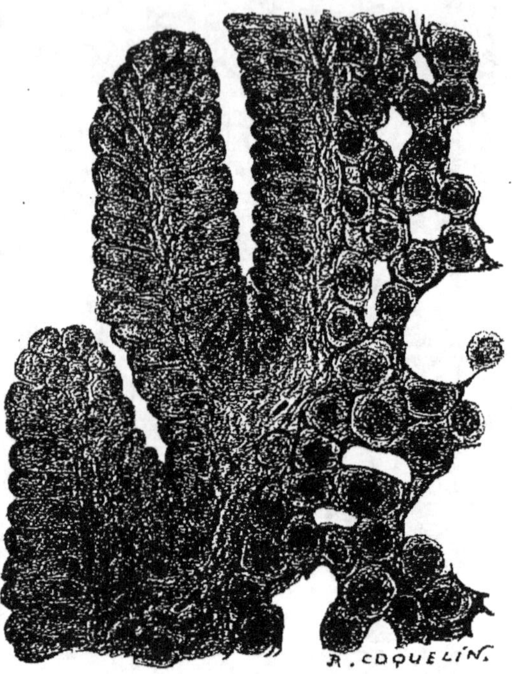

Fig. 6. — Syphilis du poumon (grossissement 800 diamètres). (Imprégnation au nitrate d'argent, Méthode de Levaditi). Pneumonie fœtale syphilitique. — Coupe d'une bronche dilatée. Présence de tréponèmes dans l'épithélium bronchique et dans le tissu scléreux péribronchique. Présence de bacilles (infection secondaire).

Nous avons eu l'occasion d'observer un cas de bronchopneumonie du fœtus avec M. Fouquet, et sur les coupes histologiques on peut se rendre compte de ce processus. On voit, en effet, dans les vaisseaux, dans les alvéoles et jusque dans les parois des bronches, des spirochètes. La présence d'un tréponème dans l'épithélium d'une bronchiole montre que l'agent pathogène venu par voie sanguine peut pénétrer secondairement dans les bronches.

Il y avait dans ce cas, un épaisissement fibreux du tissu conjonctif interlobulaire, péribronchique et surtout périvasculaire. Tout le tissu interstitiel est fibroïde et infiltré de

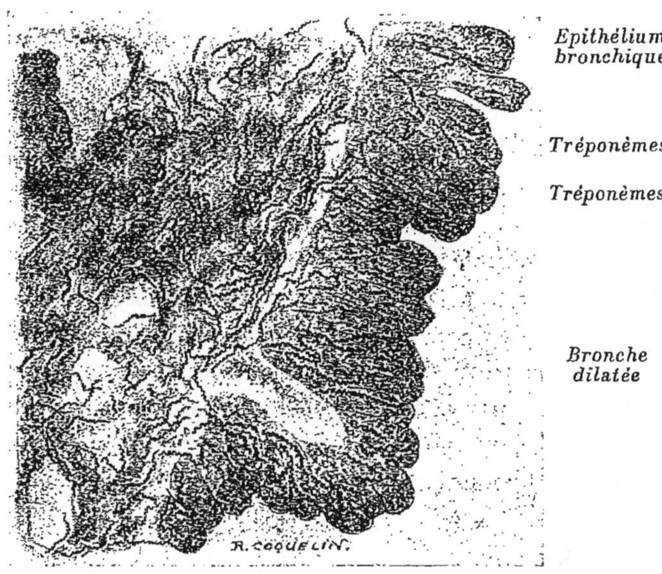

Fig. 7. — Syphilis du poumon (grossissement 800 diamètres). Imprégnation au nitrate d'argent (méthode de Levaditi). — Pneumonie fœtale syphilitique. Paroi d'une bronche. Épithélium en partie desquamé et désinserré. Présence de très nombreux tréponèmes dans l'épithélium, et dans le tissu péribronchique infiltré de cellules rondes. On remarque l'orientation différente des tréponèmes : dans l'épithélium où ils sont dans le sens de la cellule pariétale, et dans le tissu péribronchique où ils forment une couronne à plusieurs rangs autour de la bronche.

cellules qui ont l'apparence de lymphocytes. Par place on voit quelques cellules épithéliales dans les alvéoles et une périartérite très prononcée. Les bronches sont très dilatées, ont leurs parois infiltrées de cellules rondes, l'épithélium par place intact, est en d'autres endroits en partie desquamé. Enfin il y a d'assez nombreuses hémorragies dans le parenchyme.

On voit d'ailleurs assez nettement sur la figure 4 ces divers processus pathologiques.

Lorsqu'on regarde à un plus fort grossissement on trouve

le poumon rempli de tréponèmes. La figure 5 représente une bronche dilatée. On trouve de nombreux tréponèmes dans l'épithélium bronchique et dans le tissu scléreux péribronchique (1).

Enfin la figure 6 permet de saisir dans un cas de pneumonie fœtale syphilitique, le passage des microbes dans une bronche, on voit les tréponèmes nombreux dans le tissu péribronchique et infiltré de cellules rondes. On remarque même leur orientation ; puis peu à peu ils changent leur direction pour entrer dans la cellule épithéliale et sont alors perpendiculaires à la position précédemment occupée, Enfin ils passent dans la lumière bronchique. L'épithélium par place paraît comme désinserré, dans certains endroits desquamé.

Cette progression des microbes dans les tissus, permet de saisir, étape par étape, les lésions qu'au passage ils sont susceptibles de provoquer. Elle explique en particulier la possibilité de bronchites au cours des septicémies.

Cancer du poumon.

L'infection secondaire par voie sanguine se traduit par une disposition particulière des éléments néoplasiques. Il existe une infiltration diffuse de l'organe par de petits noyaux très nombreux et très disséminés et dont la répartition ne peut pas mieux se comparer qu'à celle des granulations tuberculeuses dans la granulie. On conçoit que les deux aspects soient à peu près identiques, le mécanisme de dissémination étant le même.

Les figures suivantes empruntées à la thèse de notre excellent ami Clunet sont la meilleure preuve que l'on puisse donner de l'origine sanguine du cancer secondaire du poumon. Elles montrent en effet les métastases pulmonaires

(1) Les bacilles qu'on trouve sur la coupe, sont dues à une infection post mortem.

microscopiques chez une souris ayant succombé au développement d'un épithélioma mammaire greffé sous la peau.

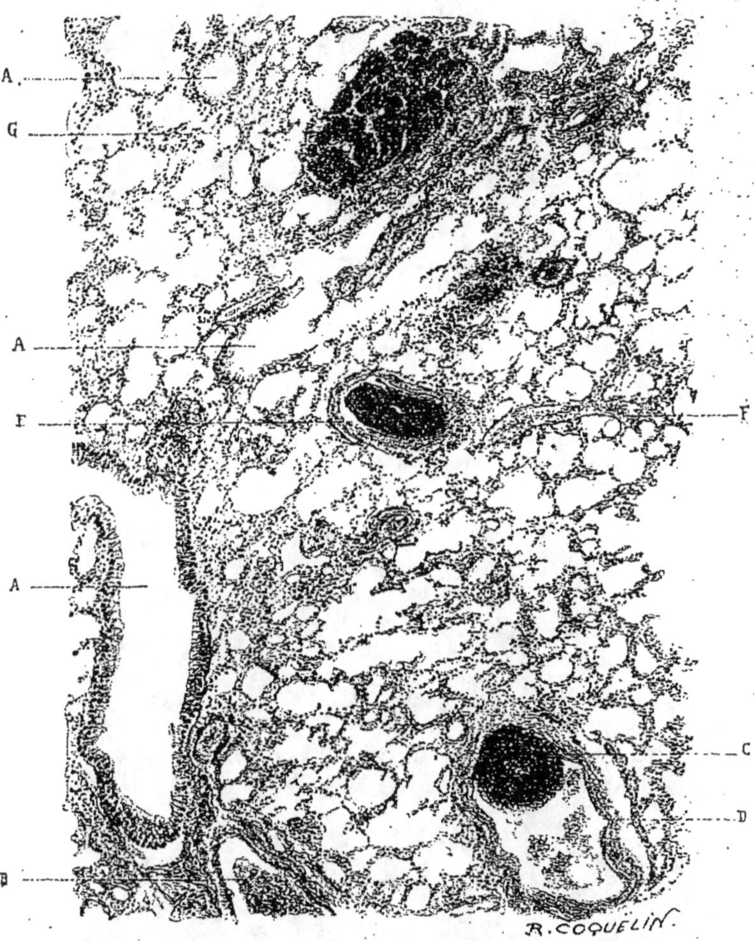

Fig. 8. — (Grossissement 55 diamètres). Métastases pulmonaires microscopiques, chez une souris ayant succombé au développement d'un épithélioma
mammaire greffé sous la peau de l'aisselle, un mois après la greffe. Aucune
intervention chirurgicale. — A, bronche ; B, artère pulmonaire ; C, amas de
cellules néoplasiques fixées à l'endartère d'une bronche de l'artère pulmonaire ; D, sang circulant dans la partie non thrombosée de la lumière vasculaire ; E, rameau de l'artère pulmonaire presque entièrement oblitéré par un
nodule néoplasique ; F, veine pulmonaire ; G, nodule néoplasique développé
dans le parenchyme.

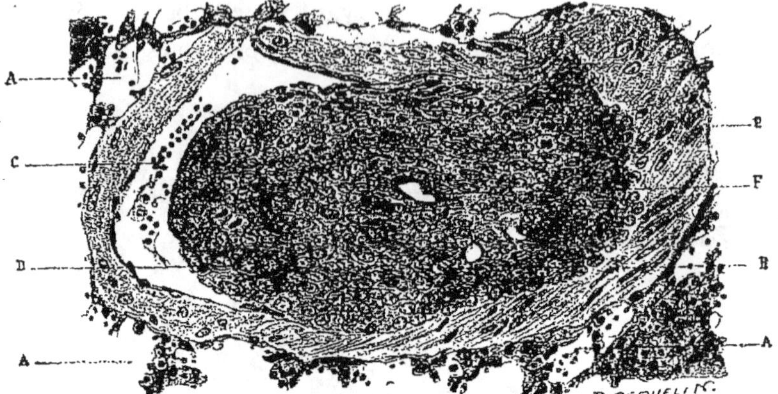

Fig. 9. — (Grossissement, 317 diamètres). Branche de l'artère pulmonaire presque entièrement oblitérée par un nodule néoplasique. Fort grossissement du point E de la figure 9. — A, alvéoles pulmonaires ; B, parois musculaires de l'artère ; C, hématies et leucocytes circulant librement dans l'étroit chenal que le thrombosus néoplasique laisse au cours du sang ; D, cellules épithéliomateuses atypiques ; E, figures de division cellulaire ; F, néo-capillaire montrant l'organisation du thrombus et l'édification d'un stroma dans le noyau métastatique.

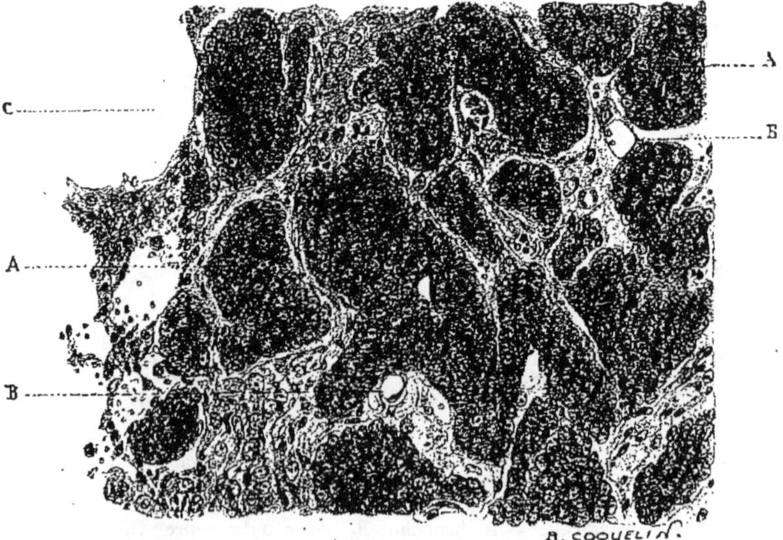

Fig. 10. — (Grossissement 317 diamètres). Métastase néoplasique microscopique développée dans le parenchyme pulmonaire. Fort grossissement du point G de la figure 9. — A, travées de cellules épithéliomateuses atypiques ; B, capillaire du stroma ; C, alvéole pulmonaire.

LIVRE III

ÉTUDE EXPÉRIMENTALE.

Généralités sur les animaux et les cultures ayant servi à cette étude.

Nous avons vu, dans les chapitres précédents, que la clinique seule permettait de concevoir l'origine sanguine de la plupart des affections du poumon, et en particulier de la pneumonie. Nous avons cherché à réaliser expérimentalement des lésions variées du parenchyme pulmonaire en provoquant, avec des agents pathogènes différents, des septicémies.

Les microbes que nous avons le plus souvent inoculés furent le pneumocoque, le pneumo-bacille de Friedlander, le streptocoque et le staphylocoque.

Les animaux ayant servi à cette expérimentation sont : la souris, le cobaye, le lapin, le rat, le chien et le porc.

La souris est le réactif de choix pour reconnaître la présence du pneumocoque, puisqu'il suffit d'excorier la surface de la peau et d'y déposer une trace de culture ou d'exsudat pneumococcique pour que l'animal succombe en douze ou trente heures à une septicémie sans lésion pulmonaire avec un peu d'œdème local.

De nombreux auteurs ont déjà fait remarquer la difficulté que l'on avait à provoquer la pneumonie chez les souris, et ce fait tient à deux causes principales : elles meurent le plus souvent de septicémie avant qu'aucune localisation n'ait eu le temps de se produire ; lorsque les pneumocoques ont été atténués dans leur virulence, lorsque les animaux ont été au préalable immunisés contre l'infection pneumococcique, ils résistent suffisamment pour ne pas faire de pneumonie vraie. Nous aurons l'occasion de voir cependant que, dans ces dernières conditions, il n'est pas rare de trouver, quand on sacrifie à temps les animaux, de la congestion pulmonaire à l'autopsie.

Le cobaye est beaucoup plus résistant à l'infection par le pneumocoque, il paraît posséder une immunisation particulière ; il ne nous a pas été donné de constater dans son organisme la présence d'anticorps spécifiques : les réactions de fixation que nous avons tentées à ce sujet nous ont fourni des résultats incertains. Il n'est d'ailleurs pas démontré que l'on soit actuellement autorisé à considérer la réaction de fixation comme une réaction d'immunité.

Nous avons constaté, au contraire, que l'on pouvait arriver à provoquer chez ces animaux, en les mettant dans certaines conditions, des congestions pulmonaires avec les pneumobacilles de Friedlander.

Le rat est moins sensible que la souris à l'action du pneumocoque. Il faut de fortes doses pour le tuer, et la réaction locale est intense avec œdème séro-fibrineux gagnant toute la paroi abdominale et le thorax, mais il n'est pas rare de trouver quelques lésions pulmonaires, parfois même une véritable pneumonie lobaire. L'inoculation intra-pulmonaire engendre un noyau de pneumonie lobaire avec pleurésie séro-fibrineuse.

Pneumonies du lapin provoquées par l'injection sous-cutanée de pneumocoques peu virulents.

Le *lapin* est un animal excessivement sensible à l'action du pneumocoque. Si le pneumocoque est très virulent, quelle que soit la voie d'introduction, la mort survient en vingt-quatre heures par septicémie. Les lésions constatées sont plutôt hémorragiques : il y a de grosses pétéchies à la surface du gros intestin, des capsules surrénales, des reins, des poumons, parfois même de la peau, la rate est hypertrophiée, on retrouve le pneumocoque en abondance dans le sang du cœur.

Lorsque le pneumocoque est peu virulent, la mort est plus lente, les lésions ont une tendance fibrineuse ou suppurative ; l'inoculation dans le péritoine produit une péritonite avec grosse tumeur fibrineuse à centre caséeux ; on observe toujours une vive réaction inflammatoire locale, et nous avons pu, à deux reprises différentes, avec un pneumocoque atténué, constater en sacrifiant l'animal, cinq jours après l'inoculation, une véritable *pneumonie lobaire*, et dans un des cas, de la péricardite et une péritonite *alors que l'inoculation avait été faite sous la peau.*

On obtient d'ailleurs chez le lapin des localisations très diverses du pneumocoque suivant les cas. MM. Bezançon et Griffon ont pu déterminer expérimentalement des arthrites à pneumocoques, sans faire intervenir un traumatisme articulaire, et cela de deux façons différentes : ou en inoculant au lapin un pneumocoque atténué par vieillissement de la culture, ou en rendant l'organisme de l'animal relativement réfractaire au moyen de la vaccination incomplète, puis en injectant quelques jours après une dose de pneumocoque virulent.

Ces faits confirment d'ailleurs la loi de pathologie générale d'après laquelle les microbes atténués dans leur virulence se localisent volontiers sur les diverses séreuses et en particulier sur les séreuses articulaires.

Le *chien* est également réfractaire à l'action du pneumocoque. Il faut des doses énormes pour le tuer, et quatre à cinq jours s'écoulent avant la mort.

Les auteurs, comme Tchistovich, sont arrivés à provoquer chez cet animal une pneumonie lobaire curable par inoculation intrapulmonaire.

D'autres auteurs ont également pu provoquer des lésions du parenchyme par injection intra-trachéale, mais ils paraissent s'être placés dans des conditions sortant trop de l'état normal pour que l'on puisse attacher une importance à ces expériences au point de vue pathogénique.

Nous avons expérimenté avec le pneumocoque de TALAMON-FRÆNCKEL et avec le pneumo-bacille de FRIEDLANDER. Nous donnerons le détail de ces expériences, mais il faut en retenir que nous n'avons pu obtenir de pneumonie lobaire avec le pneumo-bacille de FRIEDLANDER, qui généralement tue assez rapidement le chien par septicémie.

Pneumonie expérimentale chez un chien immunisé par l'introduction de pneumocoques virulents dans les veines et refroidissement consécutif.

Au contraire, et c'est là une des expériences qui nous apparaissent comme des plus probantes, nous avons pu constater la formation d'une pneumonie lobaire typique, après introduction de pneumocoques très virulents, chez un chien au préalable immunisé contre le pneumocoque. L'expérience mérite qu'on la relate en détail.

Le microbe employé était un pneumocoque retiré du liquide céphalo-rachidien d'un homme mort de méningite cérébro-spinale pneumococcique observée par MM. GUILLAIN et Clovis VINCENT. Ce pneumocoque tuait la souris en douze heures. Inoculé à un chien de taille moyenne, il provoqua une septicémie assez rapidement mortelle à la dose de 4 centimètres cubes de culture sur bouillon. D'autre part, nous avons injecté, à quatre reprises différentes, à un chien de même poids, des cultures de ce microbe ayant passé à l'étuve à 120° pendant vingt minutes. Au bout de quatre jours, nous avons inoculé à ce chien ainsi immunisé, du pneumocoque simplement atténué par vieillissement de la culture, mais qui tuait encore la souris en trente-six heures. Enfin, après cette immunisation préalable, nous injectons des pneumocoques ayant conservé toute leur virulence et capables de déterminer rapidement chez la souris une septicémie mortelle.

La culture du sang pris dans la veine montre encore le lendemain du pneumocoque en abondance. Ce fait était d'autant plus intéressant à constater que certains auteurs ont prétendu que chez l'animal immunisé, le passage des

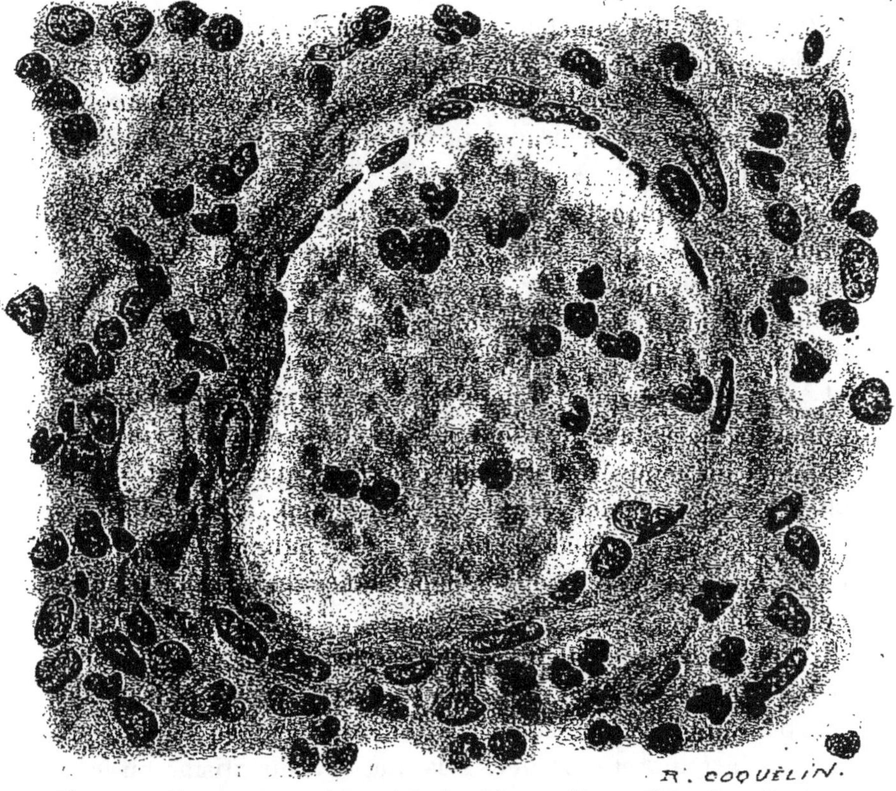

Fig. 11. — Pneumonie expérimentale du chien. — Un capillaire dont l'endothélium est nettement visible à la partie supérieure de la figure apparaît rempli d'hématies et de globules blancs. — Nombreux pneumocoques dans la lumière du vaisseau sur d'autres coupes, on voit par place de l'hépatisation et surtout de la congestion avec quelques extravasats sanguins.

microbes dans la circulation sanguine était de très courte durée et n'excédait pas vingt-quatre heures.

C'est alors que nous avons agi de la manière suivante :

Ce chien immunisé et qui paraissait résister à l'action du pneumocoque, a été placé pendant deux heures dans une glacière. Le soir même, la température était à 39°,5 et le lendemain soir, on observait une dyspnée intense, la température était à 40° et l'auscultation du poumon faisait entendre des râles dans toute l'étendue du poumon gauche, assez nets par comparaison avec le côté opposé. L'animal sacrifié présentait, en effet, une pneumonie lobaire typique à la base. du poumon gauche. Cette pneumonie présentait bien tous les caractères anatomo-pathologiques de la pneumonie fibrineuse, nous en reproduisons une coupe. Un capillaire dont l'endothélium est nettement visible à la partie supérieure. de la planche apparaît rempli d'hématies et de globules blancs. Il y a. de nombreux pneumocoques dans la lumière du vaisseau.

Sur d'autres coupes on voit par place de l'hépatisation et surtout de la congestion avec quelques extravasats sanguins.

Ce fait expérimental nous a paru des plus démonstratifs pour la thèse que nous soutenons, puisqu'en effet, voici un animal immunisé contre le pneumocoque. atteint d'une septicémie pneumococcique latente et qui, à la suite d'un refroidissement, ébauche des lésions pulmonaires localisées, manifestement sous la dépendance du microbe en circulation.

Nous devons d'ailleurs ajouter que ce fait expérimental doit être relativement difficile à réaliser, car, ayant essayé de le reproduire à deux reprises différentes et en employant d'autres facteurs étiologiques tels que le traumatisme ou le refroidissement après séjour dans une atmosphère surchauffée, nous n'avons pu constater le même phénomène : dans un cas, l'animal est mort sans localisation d'aucune sorte ; dans l'autre, au contraire, il a survécu.

Congestion pulmonaire expérimentale chez la souris.

Comme nous avions pu constater d'une manière très nette, dans l'expérience que nous venons de relater, l'action manifeste de la température sur le développement des lésions pulmonaires, nous avons cherché à réaliser la même expérience chez l'animal de choix pour l'infection pneumococcique, c'est-à-dire la souris.

Nous avons pris trois lots de dix souris. Le premier lot a été inoculé avec un pneumocoque dont la virulence était manifestement atténuée (vieillissement de la culture). Un deuxième lot a été inoculé avec des cultures chauffées et cela à différentes reprises, de façon à les immuniser. Le troisième lot, enfin, après immunisation préalable, a reçu un pneumocoque tuant la souris en quarante-huit heures.

Chacun de ces lots a été divisé en trois catégories.

Les souris de la première catégorie étaient placées à l'étuve à 37°; les souris de la seconde catégorie, dans une glacière pendant deux heures ; enfin, celles de la troisième catégorie, après avoir été à l'étuve, étaient brusquement refroidies.

Toutes les souris appartenant au premier lot, inoculées avec un pneumocoque peu virulent, ne purent résister et moururent de septicémie. Chez deux d'entre elles l'ensemencement du sang du cœur révélait la présence du pneumocoque qui, fait intéressant à signaler, avait retrouvé sa virulence initiale. Aucune d'entre elles ne présentait de lésion pulmonaire d'aucune sorte. Tous les animaux du troisième lot moururent également, comme si leur immunité, sous l'influence des perturbations atmosphériques, avait subitement disparu. Aucun d'entre eux ne présentait non plus de lésions macroscopiques pulmonaires, mais on pouvait remarquer, chez une des souris de ce lot, une péritonite purulente à pneumocoque. Le second lot, au contraire, donnait des résultats plus intéressants : toutes les souris soumises à l'action de la chaleur résistèrent à l'infection. Parmi celles qui furent refroidies brusquement, deux moururent de septicémie et chez l'une de celles qui avaient été placées à la glacière, on pouvait constater macroscopiquement et histologiquement les lésions classiques de la pneumonie.

Cette expérience, recommencée avec deux cobayes, ne nous donna aucun résultat ; mais chez le rat, le refroidissement brusque, après inoculation de culture de pneumocoque atténuée, nous permit de constater la présence de lésions de broncho-pneumonie hémorragique. _.

Avec le pneumo-bacille de Friedlander, après avoir inoculé des cobayes avec des cultures chauffées de ce microbe, puis ensuite avec des cultures virulentes, nous avons eu nettement une pneumonie du lobe inférieur droit chez un d'entre eux.

Le traumatisme détermina seulement dans un cas une sorte de pleurésie hémorragique.

Absence de localisations pulmonaires au cours des streptococcémies expérimentales.

Nous avons essayé de pratiquer des expériences analogues avec d'autres microbes, en particulier avec le streptocoque.

Par l'inoculation sous-cutanée chez le lapin, même avec des cultures très virulentes, nous n'avons pu déterminer que l'érysipèle classique, et jamais nous ne pûmes constater de lésion pulmonaire. Par l'inoculation intraveineuse, avec un streptocoque retiré d'une pleurésie purulente qui avait été chez l'homme rapidement mortelle, nous avons obtenu la mort d'un animal en l'espace de six jours, avec péricardite, pleurésie et péritonite, tous les liquides séreux ayant donné en culture du streptocoque en abondance. La pleurésie était bien ici manifestement d'origine sanguine, mais il n'y avait aucune lésion pulmonaire sous-jacente ; nous n'avons pu trouver dans le poumon la présence de streptocoques, et ces faits sont, comme nous le voyons, un peu contradictoires avec ceux fournis par la clinique qui nous montraient, au contraire, la relative fréquence des lésions pulmonaires au cours des streptococcémies.

Il en fut de même avec le staphylocoque doré et le coli-bacille.

Pneumonie pesteuse expérimentale.

Nous avons vu, au point de vue clinique, que lorsqu'on parcourt l'histoire des épidémies qui ont sévi pendant des siècles sur différentes parties du vieux monde et auxquelles on a donné le nom de *peste*, les troubles respiratoires sont toujours signalés parmi les symptômes qui le plus souvent accompagnent cette maladie. Nous avons vu, en outre, qu'il existait une véritable pneumonie pesteuse secondaire pouvant se développer au cours de toute infection pesteuse, indépendamment de la porte d'entrée, à la condition que l'organisme oppose une certaine résistance au microbe envahisseur. C'est une complication qu'on rencontre surtout chez les animaux atteints de peste bubonique.

Ce qui caractérise cette pneumonie pesteuse, au point de vue anatomo-pathologique, c'est la formation dans les poumons, en nombre plus ou moins considérable, de pseudo-tubercules, avec hépatisation et présence dans les alvéoles pulmonaires d'un exsudat formé par les cellules de desquamation des parois, des leucocytes et des globules rouges. La cellule géante et les cellules épithéliales manquent complètement dans les foyers d'infiltration.

La pneumonie pesteuse nous apparaît donc comme le type de la pneumonie sanguine par excellence et des plus intéressante à reproduire expérimentalement pour apporter à la théorie que nous soutenons un appoint décisif.

Les expériences de BATZAROFF pratiquées à l'Institut Pasteur, en 1899, sont des plus démonstratives à cet égard.

Pour provoquer expérimentalement la pneumonie pesteuse, on a deux moyens à sa disposition : ou bien employer un virus atténué, ou bien introduire préalablement dans le corps de l'animal et en petite quantité une substance vaccinante. En effet, lorsque le virus est très actif, et que la mort survient dans les trois ou quatre premiers jours, le poumon ne présente qu'une simple congestion, les lésions principales portent sur la rate, qui est grosse et couverte de petits points blancs. Si on se sert d'un virus qui ne tue l'animal qu'en sept ou neuf jours, on peut obtenir souvent — mais ce n'est pas la règle — la formation de pseudo-tubercules typiques dans les poumons.

Beaucoup plus sûr et plus commode à manier, dit BATZAROFF, est le second procédé, c'est-à-dire l'injection d'une substance vaccinante : « En faisant l'expérience sur une série d'animaux et en employant des doses de plus en plus fortes de la matière préservatrice, on réussit facilement à obtenir toute une gamme de lésions et on constate alors ce fait singulier qu'au fur et à mesure que les lésious des autres organes diminuent avec l'immunité croissante, celles des poumons augmentent, de sorte qu'à un moment donné, lorsque l'animal se trouve près du point de l'immunité absolue, les lésions pulmonaires sont les seules lésions internes qu'on rencontre à l'autopsie. Tous les autres organes, notamment la rate et le foie, gardent leur apparence normale, et le virus pesteux n'existe que dans le poumon et dans les pseudo-tubercules. »

Ces faits observés par BATZAROFF pour la pneumonie pesteuse et confirmés depuis par de nombreux auteurs, viennent à l'appui des phénomènes expérimentaux que nous avons nous-même observés.

Ces mêmes lésions expérimentales ont été signalées dernièrement avec production de pneumonie à pseudo-tubercules chez le cobaye, par MM. SCHWEINITZ et Théobald SMITH, en expérimentant le microbe du Hog-choléra.

Il semble résulter de toute cette étude expérimentale, que chaque organe a son immunité à lui, et que l'immunité générale ou absolue n'est acquise que lorsque tous les organes du corps sont immunisés. Et d'autre part, il semble démontré que certaines réactions humorales particulières sont susceptibles de déterminer dans notre organisme des immunités passagères.

Pneumonies mycosiques expérimentales.

Les microbes ne sont pas les seuls agents pathogènes susceptibles de déterminer des lésions pulmonaires, au cours de véritables septicémies. La clinique nous a, en effet, montré dans ces dernières années la possibilité de lésions pulmonaires d'origine mycosique. D'autre part, on connaît déjà depuis longtemps la facilité avec laquelle certains parasites animaux, pénétrant dans la circulation sanguine, peuvent se localiser dans tous les organes et en particulier dans le poumon.

Nous avons pratiqué, dans ces deux dernières années, un grand nombre d'inoculations aux animaux des différents parasites végétaux appartenant à la classe des champignons et levures pathogènes.

La recherche des réactions humorales ayant montré à MM. WIDAL, ABRAMI et nous-mêmes qu'il existait dans le sérum d'un individu atteint de septicémie sporothricosique des agglutinines et une sensibilisatrice spécifique, nous avons pu établir, par la recherche de la sporo-agglutination et des réactions de fixation, un véritable séro-diagnostic des affections mycosiques.

Nous avons, en effet, remarqué qu'il existait des co-agglutinations et des co-fixations, c'est-à-dire qu'un malade atteint d'actinomycose, par exemple, possédait un sérum capable d'agglutiner et de fixer les spores du *Sporothricum Beurmanii*. Nous avons entrepris, à ce sujet, avec M. E. BRISSAUD, une série d'expériences sur les animaux dans le but de rechercher le mode de formation des anticorps à la suite de l'introduction dans leurs organismes de divers champignons pathogènes. Nous avons cherché au cours de ces expériences, dirigées dans un autre sens, si, en provoquant des septicémies mycosiques chez l'animal, il nous serait donné d'observer parfois des lésions pulmonaires.

En injectant dans les veines du lapin du *Saccharomyces*

albicans, on provoque, comme l'avait déjà montré M. Roger, une septicémie rapidement mortelle.

Les spores du muguet peuvent être retrouvées dans tous les organes après la mort de l'animal, et nous avons pu en obtenir des cultures pures en ensemençant le poumon, ce qui semble par conséquent prouver que celles-ci sont susceptibles de passer dans la circulation générale, et il est évident que leur volume doit les forcer à stagner au moins pendant quelque temps dans les capillaires pulmonaires. Jamais nous n'avons d'ailleurs constaté de lésions analogues à la pneumonie ou à la broncho-pneumonie.

Lorsqu'on introduit dans les veines de l'animal, chien ou lapin, de l'*Aspergillus fumigatus* capable de déterminer, comme nous le savons, chez l'homme des lésions pulmonaires en tout semblables à la tuberculose, on peut quelquefois constater la présence dans le poumon de processus inflammatoires chroniques rappelant ceux que l'on constate chez l'homme.

M. Rénon, après avoir décrit les lésions aspergillaires humaines, a cherché à les reproduire par l'expérimentation. Nous avons en réalité constaté les mêmes phénomènes que lui.

Tous les organes ne sont pas égaux devant l'infection mycosique. Lorsque l'inoculation a eu lieu par voie sanguine chez les oiseaux et surtout chez le pigeon, c'est uniquement le foie qui est atteint. Chez le cobaye et le lapin, ce sont par ordre de fréquence les reins, les muscles, le plancher de la bouche, le poumon, les bronches, la plèvre et les os.

Quel que soit l'appareil intéressé, la lésion se présente toujours sous forme tuberculeuse. Le tubercule est essentiellement formé d'un feutrage de filaments mycéliens. En dehors existe de la congestion périphérique, de la nécrose des cellules voisines et une infiltration leucocytique.

Les tentatives d'immunisation des animaux contre l'aspergillose expérimentale, que nous avons essayées dans le but de produire des lésions pulmonaires, ont échoué. Il semble que *l'Aspergillus fumigatus* ne forme pas de toxine ni de substances vaccinantes extra-cellulaires dans les milieux dans lesquels on le cultive habituellement.

La plupart des animaux auxquels nous avons injecté du *Sporothricum Beurmannii* ont présenté, environ un mois après l'inoculation, des lésions exclusivement cutanées caractérisées par des gommes intra et sous-dermiques. Les lapins et les cobayes nous ont paru réfractaires à l'infection sporothricosique; les chiens, au contraire, ont presque tous eu des accidents. Mais le rat constitue l'animal de choix et, chez lui, les lésions peuvent être généralisées. C'est ainsi que les lésions pulmonaires des sporothricoses expérimentales du rat sont relativement fréquentes, multiples et variées : broncho-pneumonie ; pneumonie (hépatisation rouge et infiltration grise) ; granulations, sporothrichomes crus et abcédés, abcès pulmonaires : bronchites aiguës desquamatives, suppuratives, fibrineuses ; congestions diffuses et congestions localisées ; emphysème ; sclérose et bronchectasies. Parfois on note même quelques réactions pleurales.

Toutes ces lésions ont été bien décrites par MM. DE BEURMANN et GOUGEROT et la sporothricose nous apparaît, après leur étude si documentée, comme l'une des affections les plus aptes à créer des lésions pulmonaires variées, d'origine nettement septicémique.

La réaction broncho-pneumonique semble être la plus fréquente : les nodules de broncho-pneumonie se sont développés autour des vaisseaux pulmonaires et des bronchioles dont on ne retrouve que les débris sur les nodules âgés.

Les noyaux de broncho-pneumonie sont à des stades d'évolution différents. C'est ainsi que l'on peut voir réaliser par l'infection sporothricosique l'alvéolite desquamative ou pneumonie épithéliale, l'hépatisation rouge, l'hépatisation grise et la sclérose.

L'alvéolite pneumonique n'a pas toujours la même formule

cytologique. Tantôt elle est desquamative et fibrineuse, tantôt elle est congestive, et la variabilité des formules cytologiques résulte de la diversité du processus et de la différence d'âge des lésions. Presque toujours les différentes formes sont associées, d'où l'aspect polymorphe des noyaux de broncho-pneumonie sporothricosique : au centre on a de l'hépatisation grise et des micro-abcès nécrosés, à la périphérie de l'hépatisation rouge et de l'alvéolite desquamative. Parfois on trouve les lésions caractéristiques de la pneumonie au stade de l'hépatisation rouge.

Le bloc pulmonaire est rouge, dense et dur ; la lésion est massive, lobaire, et l'hépatisation envahit toutes les alvéoles. L'infiltrat distend les alvéoles, les capillaires sont aplatis ou congestionnés, la cavité alvéolaire est comblée par une masse homogène, grenue ou réticulée, acidophile, avec quelques globules rouges et de rares cellules. Sur les parois de l'alvéole, il ne reste plus que de rares cellules adhérentes, presque toutes ont desquamé ; en plusieurs points les cellules intra-alvéolaires vont jusqu'à remplir l'alvéole, et sur le fond d'hépatisation rouge, ressortent quelques nodules d'infiltration périvasculaire et péribronchique.

Les bronchioles résistent plus longtemps ; elles sont parfois atteintes de bronchite desquamative, le plus souvent comblées par l'exsudat fibrineux ou dilatées et envahies par les polynucléaires. Dans toutes ces lésions les parasites sont rares, sauf dans les micro-abcès.

L'infection sporothricosique est enfin capable de produire l'infiltration grise, occupant des segments irréguliers des lobes pulmonaires, et des sporothricoses nodulaires.

L'aspect des poumons granuliques est des plus variables. Tantôt les granulations disséminées sont la seule lésion pulmonaire, tantôt elles s'associent à des raptus congestifs et à de la distension emphysémateuse. Tantôt elles sont plus complexes encore, les placards de congestion aboutissent à l'hématose et la lésion alvéolaire est généralisée.

L'association des processus de vascularite, de bronchiolite, d'alvéolite, d'infiltration lympho-conjonctive, de dégé-
nérescence épithélioïde et d'afflux de polynucléaires font
comprendre la multiplicité des lésions produites.

On a tous les intermédiaires entre la granulation, le
placard pneumonique, l'abcès et la caverne. On a toutes les
transitions entre la granulation naissante, le tubercule
sporothricosique, et l'abcès.

Les lésions des bronches sont toujours associées, nous
l'avons vu, aux infiltrats broncho-pneumoniques et pneumoniques. Mais parfois leur intensité est telle que la lésion
bronchique semble prédominante. L'infiltrat péribronchique
envahit la bronchiole de dehors en dedans et celle-ci réagit,
parfois même l'épithélium desquame, tandis que ces cellules
comblent la lumière bronchique; tantôt la bronchiole est
remplie de pus. Parfois enfin, la bronche est inondée de
fibrine et l'exsudat coagulé forme moule bronchique.

Dans les sporothricoses subaiguës et chroniques il est
fréquent d'observer des dilatations bronchiques; il semble
même que ce soit là un mode réactionnel commun à un
certain nombre d'infections généralisées, et que la pathogénie
de la dilatation des bronches soit, elle aussi, basée sur
l'origine sanguine des lésions constatées.

C'est ainsi, en particulier, que M. Thiroloix est arrivé à
produire chez le rat, expérimentalement, des lésions typiques
de dilatation bronchique par infection généralisée et lente
de nature staphylococcique, en employant le *micrococcus
neoformans.*

Il nous a été impossible d'observer des lésions pulmonaires à la suite de l'introduction dans divers organismes
animaux, des discomyces, d'oospora et de différentes levures
Curtis, Blanchard, Régnéri, etc.).

Norris et John Larkin ont cependant rapporté deux cas
de broncho-pneumonie gangreneuse, et l'examen bactériologique démontra la présence d'un streptothrix. Ce parasite

n'a pas été retrouvé dans le sang, mais le pus bronchique inoculé dans la veine auriculaire d'un lapin détermina une pneumonie double avec présence dans les foyers des mêmes germes pathogènes. Les auteurs ont identifié les streptothrix qu'ils ont isolés dans ces deux cas au *Streptothrix Israeli*, microbe voisin de l'*Actinomyces bovis*.

Anaérobiémie et affections pulmonaires.

Nous ne reviendrons pas ici sur les nombreuses discussions auxquelles a donné lieu la pathogénie de la gangrène pulmonaire. Qu'il nous suffise de rappeler les recherches qu'ont effectuées, sur la pathogénie des pleurésies putrides et sur la gangrène pulmonaire, MM. Guillemot, J. Hallé et Rist. Ces auteurs sont arrivés à provoquer expérimentalement des lésions pulmonaires et surtout pleurales par l'introduction dans les veines, des divers germes anaérobies (*Bacillus perfringens, B. aerogenes capsulatus, Micrococcus fœtidus, Staphylococcus parvulus, Bacillus ramosus, serpens*, et *funduliformis*, etc.) trouvés dans les foyers de gangrène pulmonaire.

Ankylostomiases pulmonaires après inoculation cutanée.

La clinique nous a montré le passage de divers parasites animaux dans le poumon, l'expérimentation en permet une démonstration évidente.

Il ne s'agit plus ici de bacillémies proprement dites, mais de parasitémies, si l'expression peut être autorisée, car elle a tout au moins le mérite de faire ressortir les dimensions plus considérables de la cause animée.

Les études parasitologiques modernes ont démontré la réalité de la circulation des embryons ou des larves de certains métazoaires.

Nous avons vu que l'embryon hexacanthe du *Tænia solium*, l'oncosphère du *Tænia echinococcus* empruntent le plus ordinairement la voie sanguine pour envahir l'organisme. Après pénétration à travers la muqueuse gastrique, ce dernier est entraîné par les radicules du système veineux dans le foie, où il s'arrête fréquemment par suite de l'étroitesse des capillaires.

S'il peut continuer sa route, il arrive dans le cœur droit ; l'artère pulmonaire le lance dans les capillaires du poumon, qui constitue pour lui comme un deuxième relai. Que l'introduction première se fasse, suivant NEISSER, au niveau d'un chylifère ; qu'elle ait lieu, comme le veut CHACHEREAU, à hauteur du rectum par la voie des hémorroïdales moyennes, ou que, au dire de DEVÉ, l'embryon pénètre dans le plexus de Retzius après traversée de la paroi duodénale, c'est, en définitive, la grande circulation qui le recueille et le répartit.

La migration des larves de l'ankylostome est, au point de vue spécial qui nous occupe, encore plus intéressante et démonstrative, car ici la pénétration se fait au niveau de la peau ; elle peut facilement, d'ailleurs, être reproduite expérimentalement. Ce passage des larves à travers les téguments, contesté pendant longtemps, est aujourd'hui définitivement prouvé (LOOS, SMITH, SANDWITCH, SCHAUDINN, TENHOLT, LIEFMANN, BOYCOTT, BRUNS et MULLER, LAMBINCK, etc.).

Lorsque, après avoir rasé la peau de l'animal, on la frotte avec des larves d'ankylostome, celles-ci entrent dans les follicules pileux, empruntent la voie lymphatique et pénètrent rapidement dans la circulation générale. Voici comment on obtient ces larves. Grâce à l'obligeance de MM. CALMETTE et LAMBERT (1), nous avons pu nous procurer des selles d'un mineur des mines d'Anzin atteint d'ankylostomiase. Il suffit de triturer les matières fécales avec du noir animal et de les faire filtrer dans une étuve à 25°, pour recueillir un liquide

(1) Nous tenons à remercier M. le Pr CALMETTE des renseignements qu'il a bien voulu nous fournir et des ankylostomes qu'il a mis à notre disposition.

clair et des plus riches en larves ankylostomiasiques dont il est facile de reconnaître la présence au microscope. C'est de cette solution ainsi obtenue que l'on peut badigeonner la peau des animaux en expérience, et constater, après les avoir sacrifiés, la présence dans les poumons de ces parasites.

Après avoir envahi la circulation, pénétré dans le cœur et de là dans les alvéoles pulmonaires, déterminant même à la surface de l'organe un piqueté hémorragique quand les larves ont été obligées de déchirer les réseaux capillaires pour passer dans les alvéoles, les ankylostomes entrent dans la trachée.

On voit donc ici que, contrairement à la théorie classique et à ce que l'on pourrait penser *à priori, les parasites pénètrent d'abord dans l'alvéole et secondairement dans les bronches et dans la trachée.*

Il semble même démontré aujourd'hui par les divers auteurs qui se sont occupés de cette question, que c'est secondairement que les parasites arrivent au pharynx et passent ensuite par déglutition dans l'œsophage et dans l'intestin. Cette migration ne demande que quarante-deux heures.

C'est au passage à travers la peau que sont dues les dermatites prurigineuses du début de l'ankylostomiase aux mains et aux pieds (gomme des mineurs, urticaire tubéreux, grouind-itch, vater-itch, panig-hao), très connues dans les mines, dans les solfatares, les rizières, ou chez les individus marchant pieds-nus sur les terrains humides et sablonneux renfermant des larves d'ankylostome.

Nous avons vu, en clinique, qu'il convenait de tenir compte de la bronchite catarrhale intense qui se produit au début même de l'infection : l'expérimentation vient nous démontrer d'une façon catégorique et définitive que ces lésions du parenchyme pulmonaire sont nettement ici d'origine sanguine et dues au passage des larves à travers la muqueuse respiratoire.

Les recherches expérimentales de LESAGE, qui a pu provoquer l'amibiase par projection de selles dysentériques fraîches dans la gueule ou le nez de chats âgés de moins de quatre mois, voire même par injection sous la peau, prouvent également que l'amibiase est une maladie générale avec présence du parasite dans toute l'économie.

Tous les organes, surtout le foie, montrent une infiltration diffuse ou des nodules infectieux d'origine amibienne pouvant aboutir à l'abcès du foie. Seule la notion de l'amibémie permet de comprendre la production fréquente, dans les pays chauds, d'abcès amibiens dans les poumons, la rate et le cerveau des dysentériques.

L'abcès du foie, localisation la plus commune, paraît tout au moins d'origine portale. KARTULIS a trouvé des amibes dans les capillaires de la paroi des abcès, et cette constatation a été renouvelée depuis. Lemoine a d'ailleurs pu surprendre le passage des amibes dans le sang de la circulation générale.

D'autres parasites sont encore capables, après avoir pénétré par la peau, de passer dans la circulation sanguine et d'aller se fixer d'une façon temporaire ou définitive dans le paren chyme pulmonaire.

C'est ainsi, en particulier, que si l'on place sur la peau d'un lapin une petite quantité de culture de *Strongyloïdes longus* (1), provenant des fèces d'un mouton, et qu'on maintient le lapin durant ce temps pour éviter toute possibilité d'ingestion, les parasites pénètrent dans les téguments. Au bout d'une heure, on applique sur la peau de l'alcool à 95 p. 100 de façon à tuer toutes les larves qui pouvaient y rester. On fait de nouvelles applications de larves dans de semblables conditions les jours suivants, et quelques jours après on constate dans les fèces du lapin, des œufs de strongyloïdes ; à l'autopsie, si on sacrifie l'animal, on trouve des *lésions des plus nettes de*

(1) Nous devons tous ces renseignements à l'obligeance de M. RAILLET, professeur à l'École d'Alfort, que nous tenons à remercier bien vivement de son amabilité à notre égard.

congestion pulmonaire avec présence dans les alvéoles de ces mêmes parasites.

D'autres parasites encore sont susceptibles de pénétrer par la peau, de passer dans la circulation générale et de là dans le parenchyme pulmonaire.

Voici, à ce sujet, ce que rapporte ALESSANDRINI dans un travail très documenté sur les maladies parasitaires :

« Dans les fèces d'un des moutons les plus riches en parasites, se développèrent des larves et des embryons (larves d'*Uncinaria cernuia* ou *Bunestomun trigonocephalum Chabertia ovina, Strongylus filigollus, Strongylus ventricosus, Dictyocaulus filaria, Synthetocaulus rufescens* et enfin larves adultes de *Rhabditis terricola*.) Ne pouvant les séparer espèce par espèce, on en donne une certaine quantité à boire à un agneau et on injecte sous la peau d'un autre 5 centimètres cubes d'eau contenant une grande quantité de formes jeunes ; on s'était assuré auparavant, par des examens répétés des fèces, que les animaux à expérience étaient dépourvus de parasites... »

Quelques jours après avoir injecté sous la peau le mélange des larves, ALESSANDRINI put découvrir, dans les fèces du deuxième agneau, un œuf d'*Uncinaria* et en rencontra ensuite un nombre croissant les jours suivants. Peu à peu, de nouveaux examens permettaient de déceler la présence de *Strongylus rufescens*. Après avoir sacrifié l'animal, on put retrouver dans l'intestin ces deux parasites, ainsi que quelques exemplaires de *Chabertia ovina.*

Dans les poumons, de très rares larves de Strongylus rufescens (Synthetocaulus rufescens) *avaient déterminé de la congestion et purent être retrouvées dans le parenchyme pulmonaire.*

Ces diverses expériences permettent donc de conclure que non seulement par la voie buccale, mais aussi par la voie cutanée, un grand nombre de parasites peuvent atteindre l'intestin. D'autre part, et c'est le point qui nous intéresse particulièrement, entrés dans l'organisme par la voie cutanée ou sous-cutanée, les parasites, comme les ankylostomes et les strongles pulmonaires, gagnent les voies respiratoires.

Il n'est pas rare de voir même des parasites hôtes normaux de l'intestin, atteindre le poumon en empruntant la voie sanguine.

Action des toxines.

La difficulté que nous avons eue à obtenir des toxines du pneumocoque et du pneumo-bacille de Friedlander, a rendu impossibles des expériences suivies dans le but d'étudier leur action exacte.

Les cultures filtrées sont très peu actives. A forte dose, elles ne tuent pas le lapin. Les cultures en sérum de lapin jeune, chauffées pendant deux heures à 58°, sont plus toxiques.

La toxine est précipitable par l'alcool, comme l'ont démontré les travaux de KLEMPERER, FOA et CARBONE. Ce fait est d'ailleurs d'accord avec les données que nous possédons actuellement sur la nature des toxines; qui sont en réalité des toxalbumines et qui jouent un rôle capital en pathologie infectieuse.

ARLOING, en 1888, découvrit la nature diastasique des produits solubles phlogogènes contenus dans les cultures du *Pneumo-bacillus liquefaciens bovis* et dans la sérosité du poumon d'un bœuf atteint de péripneumonie. La voie était ouverte. C'est à partir de cette période que la classe des substances solubles albumosiques ayant des propriétés pathogènes fut définitivement créée.

A l'heure actuelle, les ptomaïnes ont une importance minime en pathologie et presque toutes les toxines sont considérées comme des corps albuminoïdes ayant toutes les propriétés des lipoïdes ou des colloïdes.

Nous reviendrons d'ailleurs sur l'importance de ces notions nouvelles, sur les caractères biologiques des substances à l'état colloïdal, sur l'action possible des toxines microbiennes et sur les centres nerveux qui peuvent ainsi créer pour certains organes de véritables prédispositions aux localisations infectieuses secondaires.

MM. CARNOT et FOURNIER ont étudié les toxines pneumococciques par un procédé spécial de culture dialysante et sont arrivés à produire chez le lapin, par injection intrapulmonaire, une pneumonie fibrineuse lobaire caractérisée par de l'hépatisation rouge et l'abondance de la réaction fibrineuse dans les alvéoles. En certains cas, le processus réactionnel est moins fibrineux et plus hématique ; on obtient alors des foyers durs, noirâtres, où les alvéoles sont pleines de sang, et qui rappellent l'apoplexie pulmonaire.

Enfin, si le processus réactionnel est plus leucocytaire, on obtient, disent ces auteurs, la formation de petits abcès pneumococciques ou de zones d'hépatisation grise.

Nous avons cherché s'il était possible de retirer des toxines spécifiques des organes d'animaux ayant succombé à la septicémie pneumococcique ; nous avons également cherché, en prenant ces extraits d'organe comme antigène, des réactions de fixation qui, nous le verrons, nous ont donné des résultats plus inconstants que lorsqu'on emploie directement comme antigène une culture de pneumocoque.

Après avoir haché les organes et les avoir réduits en poudre sous la cloche à vide, nous en avons fait des macérations alcooliques, et les substances lipoïdes toxiques ainsi obtenues ont, dans certains cas, provoqué la mort de la souris et très fortement incommodé un lapin auquel nous en avions injecté 2 centimètres cubes.

Ces faits sont d'ailleurs d'accord avec ceux qu'ont déjà signalés MM. MOSNY et EMMERICH.

Cette étude expérimentale des toxines pneumococciques demanderait à être reprise à la lueur des notions nouvelles.

Les récents travaux de MM. GUILLAIN et LAROCHE sur la physiologie pathologique des paralysies diphtériques et la fixation élective des toxines sur certaines parties du névraxe, nous ont incité à étudier l'action parallèle des toxines pneumoniques ainsi obtenues.

Il nous paraissait, en effet, intéressant de rechercher si des toxines élaborées par les pneumocoques au niveau du bucco-pharynx, où ces microbes pullulent, n'étaient pas capables de toucher les centres bulbaires des noyaux du pneumogastrique, qui, nous le savons, contribue à l'innervation du poumon.

Après avoir injecté à un lapin des toxines ainsi obtenues, nous avons repris une partie du système nerveux appartenant au bulbe, et après l'avoir, suivant la technique de MM. GUILLAIN et LAROCHE, lavée à l'eau physiologique nous l'avons broyée et inoculée intracérébralement à un cobaye.

Celui-ci est mort rapidement, sans qu'il nous soit d'ailleurs possible de conclure d'une manière précise, et sans avoir pu renouveler ces expériences avec un certain nombre d'animaux témoins.

Étude expérimentale sur le point de départ de l'infection.

ORIGINE BUCCALE.

Si l'on admet l'origine sanguine de la plupart des pneumopathies, il reste évidemment à rechercher quelle est habituellement dans ce cas la porte d'entrée de l'infection. La clinique nous a bien montré la fréquence des processus inflammatoires dans le bucco-pharynx à la suite d'une cause prédisposante ayant rendu brusquement pathogènes les microbes vivant en saprophytes dans cette cavité naturelle.

Expérimentalement, lorsqu'on dépose du pneumocoque dans la gueule de la souris, il suffit de la moindre érosion de la muqueuse pour que l'animal succombe rapidement à une septicémie pneumococcique, comme lorsqu'on dépose une goutte de culture sur la peau traumatisée.

On a beaucoup discuté, surtout dans ces derniers temps, sur l'origine intestinale de la tuberculose pulmonaire et, d'une manière plus générale, de toutes les infections phlegmasiques du poumon.

ORIGINE INTESTINALE.

Les remarquables travaux de MM. CALMETTE, GUÉRIN, VANSTENBERGHE et GRYSEZ sur l'origine intestinale de la pneumonie et d'autres infections phlegmasiques du poumon chez l'homme et chez les animaux, sont encore présents à toutes les mémoires.

MM. CALMETTE et GUÉRIN sont arrivés à tuberculiser de jeunes chevreaux par le lait de mères infectées et par l'ingestion de cultures tuberculeuses. Ils sont arrivés de même à provoquer la tuberculose pulmonaire chez des chèvres adultes par ingestion de divers produits contenant le bacille de Koch. Ils ont conclu de leurs expériences à l'origine intestinale de la tuberculose pulmonaire et ont montré que le rôle de l'inhalation des poussières dans la propagation de la tuberculose « a été manifestement exagéré et que ces poussières sont infectantes non parce qu'on les respire, mais parce qu'on les déglutit. »

Ces faits ont donné lieu, comme on le sait, à de nombreuses discussions, et il ne nous appartient pas de départager les diverses opinions qui se sont fait jour à ce sujet.

MM. CALMETTE, VANSTENBERGHE et GRYSEZ ont eu l'idée d'essayer parallèlement *la voie intestinale comme moyen d'introduction du pneumocoque dans l'organisme, en vue d'obtenir la pneumonie expérimentale.*

Ils se sont servis d'un pneumocoque virulent pour la souris et le cobaye, isolé de l'expectoration d'un malade au deuxième jour d'une pneumonie franche. Les cultures obtenues en bouillon-sérum de lapin ont été introduites à l'aide de la sonde œsophagienne dans l'estomac de cobayes et de lapins.

Lorsqu'on fait ainsi absorber quelques centimètres cubes de cultures virulentes aux cobayes et qu'on les sacrifie après vingt-quatre heures, on trouve, disent ces auteurs, les deux poumons fortement congestionnés et les frottis de parenchyme pulmonaire renfermant du pneumocoque en abondance. Chez les lapins traités dans les mêmes conditions, les lésions congestives sont peu intenses, mais les frottis du poumon montrent également de nombreux pneumocoques à l'état pur. Dans aucun cas cependant, on n'a pu observer les lésions histologiques si caractéristiques de la pneumonie lobaire chez l'homme.

M. CALMETTE a vainement tenté de faire apparaître celle-ci en mettant les animaux, après l'ingestion de culture virulente, dans les différentes conditions qui en pathologie humaine, comme nous l'avons vu, sont considérées parmi les causes occasionnelles de la pneumonie. Il a soumis les lapins et cobayes en expérience au refroidissement brusque par pulvérisation d'éther sur le thorax préalablement rasé ou par l'immersion prolongée dans l'eau glacée. On se rappelle qu'une expérience ancienne de FEINBERG avait montré la possibilité de déterminer une myélite infectieuse par ce procédé. M. CALMETTE a constamment saisi le passage du pneumocoque dans le poumon avec congestion des plus intenses dans ces organes, mais sans pneumonie vraie, et les animaux non sacrifiés guérissaient au bout de quelques jours.

Donc, le pneumocoque introduit dans le tube digestif paraît, tout au moins d'après les expériences de ces auteurs, passer à travers la muqueuse épithéliale de l'intestin, cheminer avec la lymphe par le canal thoracique, et arriver au cœur droit et jusqu'aux vaisseaux capillaires du poumon.

Il est probable, dit M. CALMETTE, que normalement, les microbes qui suivent ce trajet ont le temps d'être détruits ou tout au moins atténués en chemin par les leucocytes polynucléaires et par l'action bactéricide des humeurs. Mais lorsque ces actions phagocytaires sont empêchées par des influences diverses (refroidissement, surmenage, intoxication ou infection concomitante), les pneumocoques, transportés, jusque dans les capillaires du poumon, y produisent des désordres qui se manifestent par la formation de foyers de pneumonie lobaire.

MM. Roger et Garnier, en poursuivant leurs recherches expérimentales sur l'occlusion intestinale, ont également montré le passage à travers les parois de l'intestin, d'un certain nombre de microbes et en particulier d'anaérobies, dont on pouvait déceler par les ensemencements massifs la présence dans le sang.

Nous avons, M. Caussade et nous-même, cherché à déterminer dans quelles conditions les microbes contenus à l'intérieur de l'intestin passaient dans la circulation sanguine, et, en particulier, nous avons cherché à reproduire expérimentalement les diverses lésions organiques (foie, reins, poumons) que l'on voit survenir chez les individus atteints d'occlusion intestinale.

Nous avons été ainsi amenés à évaluer la perméabilité d'une anse d'intestin grêle étranglée, après avoir rétabli le cours des matières par entéro-anastomose.

Nos expériences ont toutes porté sur des chiens vigoureux et en parfait état de santé. Les ligatures de l'intestin sont, on le sait, particulièrement difficiles à réaliser de façon complète chez l'animal, puisqu'un simple fil est capable de pénétrer peu à peu dans les parois jusqu'à l'intérieur de l'intestin dont la lumière est ainsi rétablie. Nous avons dans ces cas employé deux procédés. Le premier consiste à ne placer la ligature que sur un tuyau de caoutchouc entourant l'intestin et disposé de manière à ne pouvoir ni s'inclure complètement, ni gêner la circulation mésentérique. Le second procédé est celui de l'écrasement avec la pince de Souligoux : ligature de la portion écrasée et suture séro-séreuse des deux bouts. Ce dernier mode d'occlusion donne d'excellents résultats si on sacrifie les animaux de bonne heure. Les entéro-anastomoses ont été pratiquées suivant le procédé classique.

Nous avons analysé ce qui se passe dans l'anse intestinale quand on la laisse seulement avec les matières qu'elle contient. Nous avons injecté à l'intérieur de l'anse étranglée des poudres colorantes (bleu de méthylène et carmin), des toxines chimiques comme la strychnine, divers microbes et toxines bactériennes (colibacille, pneumocoque, strepto-coque, bacille de Nicolaier, toxines diphtériques et téta-niques). Le bleu de méthylène ne passe dans les différents organes et dans les urines que quarante-huit heures après l'opération. La poudre de carmin reste à l'intérieur de l'anse, où on peut la retrouver en sacrifiant l'animal cinq jours après l'opération. La toxine tétanique, dont le pouvoir de toxicité avait été au préalable déterminé, ayant causé la mort d'un cobaye de 300 grammes en douze heures, à la dose de six gouttes, paraît avoir perdu sa virulence. L'animal survit pendant sept jours et succombe sans avoir présenté le tableau net du tétanos.

En pratiquant la même opération sur un chien de grande taille et en injectant dans l'anse des cultures virulentes de tuberculose fournie par M. Vallée, d'Alfort, nous avons obtenu une survie de trois mois, et après avoir sacrifié l'animal, on ne put constater aucune lésion tuberculeuse.

Dans un cas seulement, le passage dans le sang du coli-bacille fut révélé par un ensemencement de sang : il y avait chez l'animal, qui mourut de septicémie, du colibacille dans tous les organes et *une congestion pulmonaire manifeste*.

Ces expériences paraissent démontrer que les microbes et les toxines éprouvent une certaine difficulté à traverser les parois intestinales, même lorsqu'on se place dans des conditions pathologiques.

ABSENCE DE LÉSIONS PULMONAIRES APRÈS INHALATION DE POUSSIÈRES MICROBIENNES.

Restait un dernier point à élucider. On sait que l'on peut aisément provoquer des lésions du parenchyme pulmonaire en injectant des pneumocoques directement dans la trachée, mais c'est se placer ainsi dans des conditions d'expérimentation singulièrement différentes de ce qui se passe en clinique courante. Nous avons cherché, en réalisant une expérience plus normale, à provoquer ces mêmes lésions. Après avoir désséché dans le vide des cultures de pneumocoque virulent et avoir réduit en poudre fine l'extrait ainsi produit, nous l'avons fait priser à des chiens ; auparavant, la virulence de la poudre ainsi obtenue avait été éprouvée par l'injection sous-cutanée à la souris qu'elle tuait rapidement.

Ces chiens furent ensuite soumis au refroidissement brusque, puis sacrifiés. Le poumon non seulement ne présentait aucune lésion, mais l'ensemencement de l'organe nous montrait que le pneumocoque n'était pas arrivé jusqu'à lui.

Ces faits, d'ailleurs, sont d'accord avec l'anatomie pathologique, qui nous a montré dans les cas de pneumonie la parfaite intégrité de l'épithélium des voies respiratoires supérieures.

Nous avons montré dans les chapitres précédents, comment
la clinique nous permettait de saisir dans un certain nombre
de cas une phase septicémique avant l'apparition d'un foyer
de pneumonie ou de broncho-pneumonie. L'anatomie pathologique montre la voie vasculaire suivie par les microbes
qui envahissent le poumon. L'expérimentation enfin nous a
permis de réaliser chez l'animal des accidents pulmonaires
variés, en introduisant directement les germes dans la grande
circulation.

Les nouvelles méthodes de laboratoire, nous permettent
d'affirmer par l'hémoculture, qu'il y a des septicémies qui
ne s'accompagnent d'aucuns symptômes généraux ; et que
l'on peut trouver, par exemple, le pneumocoque dans le sang
avant la production de la pneumonie.

La présence de pneumocoques dans les selles et les urines
des vieillards démontre la présence de la septicémie et
explique la fréquence des diverses complications pneumococciques et en particulier des affections pulmonaires.

La recherche des anticorps, des agglutinines, des opsonines, de la viscosité du sang et les intradermo-réactions,
montrent enfin que toute pneumopathie en apparence, maladie locale, donne les mêmes réactions humorales que les
infections générales.

LIVRE IV

DÉMONSTRATION DE L'ORIGINE SANGUINE DES PNEUMOPATHIES PAR LES MÊTHODES DE LABORATOIRE.

CHAPITRE PREMIER

HÉMOCULTURE.

Nous avons vu que l'ensemencement de sang prit rapidement place parmi les procédés de laboratoire propres à éclairer le diagnostic des maladies infectieuses. Nous avons pu apprécier pendant nos années d'internat, et surtout dans le service de M. WIDAL, combien l'application journalière d'une pareille méthode permettait d'éclairer la clinique et de lui communiquer un intérêt sans cesse renouvelé.

Nous avons pratiqué un très grand nombre d'ensemencements de sang dans les septicémies les plus variées et plus particulièrement dans celles qui s'accompagnaient de phénomènes pulmonaires.

L'hémoculture nous a en outre démontré la relative fréquence des bactériémies. Les résultats fournis par l'ensemencement sont variables selon les malades ; parfois les germes qui passent dans la circulation sont, comme nous l'avons vu, rapidement détruits. L'ensemencement peut être négatif ; mais, s'il est fait en même temps que se produit une décharge bactérienne, il peut-être positif, tandis que d'autres examens répétés plus tard chez le même malade se montrent sans résultat. On peut dire alors qu'il y a eu simplement bactériémie. D'autres fois, les ensemencements répétés à plusieurs reprises sont tous couronnés de succès ; il est vraisemblable que les microbes existent en grande quantité dans le sang circulant, peut-être même qu'ils s'y reproduisent : il y a alors septicémie bactérienne vraie. Telles sont d'ailleurs les conclusions auxquelles est arrivé M. LEMIERRE dans sa thèse si documentée sur l'ensemencement du sang pendant la vie considéré comme procédé d'investigation clinique.

La méthode de CASTELLANI et de COURMONT, qui consiste à ensemencer de 5 à 15 centimètres cubes de sang sur une grande quantité d'eau peptonée, nous a paru la méthode de beaucoup la plus simple et fournissant le plus grand nombre de résultats positifs.

Dans certains cas, nous avons recherché directement les microbes sur le culot de centrifugation obtenu après hémolyse du sang recueilli à l'aide de l'eau distillée ou de l'acide citrique. C'est en particulier cette technique que nous avons adoptée pour la découverte du tréponème pâle de Schaudinn dans le sang des syphilitiques.

Le procécé dit de *la sangsue*, qui consiste à se servir du sang ingéré par cet animal, et rendu de ce fait incoagulable, nous a permis de déceler la présence du pneumocoque.

Enfin, l'inoculation directe du sang à la souris est une méthode qui peut au moins servir de contrôle.

Nos investigations ont tout d'abord porté sur les pneumonies et pneumococcies. La recherche et la découverte de ce microbe dans le sang des pneumoniques pendant la vie est aussi ancienne que l'histoire bactériologique de la pneumonie elle-même. C'est dans le sang que TALAMON découvrit pour la première fois le pneumocoque.

NETTER et JACCOUD le trouvent en 1886 ; BELFANTI, en 1890 ; ETTLINGER, en 1893. A partir de ce moment, les statistiques se succèdent et les opinions des auteurs diffèrent quant à la fréquence de la pneumococcie. Certains d'entre eux comme CAVATI, WHITE, BADUEL, SYLVESTRINI et SERTOLI le trouvent dans presque tous les cas. BÉCO, PROCHASKA, RUFUSCOLES ne le décèlent dans le sang que rarement et surtout dans les pneumonies terminées par la mort.

MM. WIDAL, LEMIERRE et GADAUD signalent six fois sur dix-huit le pneumocoque dans le sang.

Nous avons pratiqué près de trente ensemencements et avons constaté une dizaine de fois que le pneumocoque s'y cultivait. Mais le point qui nous paraît le plus intéressant, c'est que nous avons pu le retrouver dans le sang à la phase de septicémie, avant qu'aucune localisation pulmonaire se fût produite.

D'autre part, chez deux malades âgés qui ne présentaient que des phénomènes de brightisme et de l'infection de la bouche et du pharynx sans symptôme clinique bien caractérisé, l'ensemencement du sang nous a permis de révéler une pneumococcémie latente, dont une broncho-pneumonie dans un cas, une péricardite purulente dans l'autre, ne devaient pas tarder à établir la preuve.

Cette constatation avait déjà été faite par PANICHI et TIZZONI, qui ont trouvé l'année dernière du pneumocoque en circulation chez des hommes et des animaux depuis très longtemps guéris d'infection pneumococcique locale. Ces auteurs ont recherché ce microbe dans le sang des tuberculeux et ont pu le découvrir alors qu'aucun signe particulier ne permettait de conclure à sa présence. Ce micro-organisme peut donc circuler ou tout au moins passer dans le sang, déterminant, comme nous le verrons, des réactions humorales spécifiques.

L'hémoculture nous a en outre permis de déterminer la nature exacte de syndromes septicémiques présentés au cours d'infections puerpérales. Nous avons fait de nombreux ensemencements de sang dans le service de M. POTOCKI, à l'hôpital de la Pitié, et dans celui de M. BOISSARD, à l'hôpital Tenon. Nous avons pu, dans un tiers des cas, cultiver le streptocoque et une fois des anaérobies.

La présence de ces derniers est peut-être plus fréquente qu'on ne le croit, mais nous n'avons pas toutes les fois fait nos ensemencements sur milieux anaérobies.

C'est pendant ces septicémies évidentes, que nous avons pu remarquer des accidents pulmonaires dont nous avons relaté l'histoire et dont la nature ne pouvait être mise en doute.

Le pneumo-bacille de Friedlander s'est montré, chez deux malades, présents dans le sang.

Les nombreux ensemencements de sang que nous avons pratiqués pendant nos années d'internat, nous ont prouvé que l'intérêt qui s'attache à cette recherche est double. Elle permet d'éclairer la nature des accidents présentés et, en apportant la conviction que nombre d'affections en apparence locales sont fonctions de septicémie, commande le pronostic et dirige la thérapeutique.

CHAPITRE II

RECHERCHE DU PNEUMOCOQUE DANS LES URINES ET LES SELLES.

Il était en outre intéressant, puisque la septicémie pneumococcique est si fréquente, de rechercher, les pneumocoques dans les urines et dans les selles.

La néphrite aiguë pneumonique causée par le pneumocoque est évidemment exceptionnelle; mais MM. GILBERT et CAUSSADE en ont signalé un cas indiscutable. D'autre part, au cours des septicémies de quelque nature que ce soit, il n'est pas rare de voir les urines contenir le microbe en circulation dans le sang. D'intéressantes recherches pratiquées sur les urines des typhiques ont en effet montré que le bacille d'Eberth s'y trouvait d'une façon presque constante.

Nous avons eu l'idée de rechercher dans les urines et dans les selles du vieillard le pneumocoque. Il s'agissait soit de pneumonies vraies, soit de pneumococcémies vérifiées par l'hémoculture. Nous avons recueilli les urines aseptiquement par sondage et d'abord examiné sur lames le culot ainsi formé. Cette méthode ne nous a donné aucun résultat.

Il en a été de même d'ailleurs des cultures. Beaucoup de ces urines paraissent infectées par le colibacille qui pousse avec une grande facilité dans tous les milieux et empêche lës autres microbes de pousser. L'urine aseptique, d'ailleurs, gêne le développement du pneumocoque.

Enfin nous avons inoculé la dilution du culot obtenu par centrifugation à des souris. Dans six cas sur dix les souris sont mortes au bout d'un temps variant entre six et quarante-huit heures. Mais dans deux cas seulement nous avons retrouvé le pneumocoque dans le sang du cœur après la mort. Il s'agissait, dans le premier, d'un malade pneumonique chez lequel l'hémoculture nous avait donné un résultat positif et qui d'ailleurs succomba bientôt avec une hépatisation grise. Dans l'autre cas, il n'y avait qu'un foyer de congestion pulmonaire sans température, avec guérison rapide.

Nous avons également entrepris ces recherches par la méthode des inoculations sur les selles des malades. Cette recherche était intéressante, puisque nous savons avec quelle facilité, au cours des septicémies et en particulier de la fièvre typhoïde, la bile infectée est déversée pendant longtemps dans l'intestin.

Dans trois cas sur douze l'inoculation d'une dilution des selles à la souris nous permet de retrouver le pneumocoque dans le sang du cœur de l'animal. Il existe donc dans les selles plus souvent qu'on ne le croit. Dans aucun de ces cas le pneumocoque n'avait été décelé dans le sang par l'hémoculture, qui avait sans doute été trop tardive. Or, comme nous avons remarqué que le suc gastrique avait des propriétés bactéricides ou atténuantes pour ce microbe, il était évident que celui-ci, au cours de la septicémie, ne pouvait guère avoir été déversé que par les canaux biliaires pancréatiques ou glandulaires ou à la suite d'une rupture vasculaire : cette opinion d'ailleurs paraît corroborée par les faits. MM. LEMIERRE et ABRAMI ont en effet montré la fréquence des angiocholites au cours des septicémies, souvent sans rétention biliaire, et nous avons pu nous-même, avec M. le Pr QUENU, au cours d'une septicémie pneumococcique, constater la présence dans la vésicule biliaire d'une assez grande quantité de pus contenant des pneumocoques en abondance.

La présence des microbes dans les selles peut donc être considérée, dans ces cas, comme un argument des plus sérieux à la théorie de la septicémie *pneumococcique*.

CHAPITRE III

ÉTUDE DE LA FORMULE SANGUINE.

On conçoit tout l'intérêt qui s'attache à l'étude du sang dans une question comme celle qui nous intéresse, puisque dans toute septicémie les modifications apportées aux qualités et aux propriétés de ce liquide dérivent en partie de sa contamination par un germe virulent. La diminution des globules rouges est un fait assez couramment observé sans qu'on puisse tirer de cette anémie aucune conclusion précise. Si certains auteurs, en effet, ont pu récemment décrire un ictère hémolytique dans la pneumonie, nous croyons, pour notre part, qu'il s'agit là d'un phénomène exceptionnel et que les ictères pneumoniques sont bien plutôt dûs, comme dans les observations que nous avons rapportées, à des hépatites ou angio-cholécystites à pneumocoque.

La leucocytose ne peut également donner de renseignements bien précis, puisqu'on la voit survenir dans les infections locales.

Nous n'avons pas à nous occuper ici de l'importance que possèdent au point de vue du pronostic de la pneumonie les variations de la leucocytose.

Nous devons cependant remarquer que si elle ne peut nous indiquer les sécrétions antitoxiques ou bactéricides, elle constitue un des moyens de résistance de l'organisme contre l'infection générale. Ces modifications indiquent plutôt la réaction d'un appareil à une infection et sont en rapport direct avec l'état anatomique du poumon.

CHAPITRE IV

ÉTUDE DES RÉACTIONS HUMORALES.

L'étude des réactions humorales provoquées dans l'organisme par l'introduction ou la formation de substances étrangères, a déjà trouvé, dans ces dernières années, de nombreuses applications pratiques. Les diverses méthodes de séro-diagnostic auxquelles elle a donné naissance, tendent de plus en plus à rendre des services en clinique journalière et à entrer dans la pratique générale.

Agglutination du pneumocoque.

Le phénomène d'agglutination a permis à M. Widal d'établir le séro-diagnostic de la fièvre typhoïde, et la même méthode a depuis été employée pour un grand nombre d'autres maladies microbiennes et parasitaires.

MM. Bezançon et Griffon ont démontré que le sérum des individus atteints de pneumonie était capable de provoquer l'agglutination du pneumocoque.

Nous avons eu l'occasion de pratiquer à ce point de vue un certain nombre de recherches qui nous ont montré que cette agglutination était également positive au cours de toutes les pneumococcémies, quelle qu'en soit l'origine. Nous avons même trouvé cette réaction positive chez un grand nombre de malades, en particulier des vieillards, chez lesquels le rôle pathogène du pneumocoque n'était d'abord pas évident.

Ce phénomène ne peut être mis en évidence par le procédé

de M. Widal pour le séro-diagnostic de la fièvre typhoïde. Le pouvoir agglutinatif n'atteint pas, en effet, dans le sérum des malades affectés par le pneumocoque, un degré suffisant pour qu'on puisse le déceler dans le sérum dilué par addition de bouillon. La réaction devient, par contre, très nette, comme l'ont montré MM. Bezançon et Griffon, si l'on recourt à une technique différente : la culture du pneumocoque dans le sérum non dilué. Le sérum, recueilli par ponction veineuse, est déposé dans des tubes qu'il suffit alors d'ensemencer avec une trace de culture du pneumocoque et de porter à l'étuve à 37° pendant quinze à seize heures. 1 à 2 centimètres cubes environ de sérum nous ont paru suffisants.

Tantôt le sérum demeure clair et l'on voit au fond du tube un précipité très net (agglutination macroscopique) ; tantôt le milieu est uniformément trouble et le microscope est nécessaire pour déceler l'agglutination (agglutination microscopique). La difficulté réside dans l'obtention d'un pneumocoque d'égale virulence et possédant toujours le même pouvoir de reproduction.

Nous avons eu l'occasion de pratiquer vingt-deux agglutinations chez des vieillards observés dans le service de M. le Pr Pierre Marie. Sur quinze d'entre eux atteints manifestement de pneumonie et chez lesquels l'ensemencement de sang nous avait révélé cinq fois la présence du pneumocoque, le séro-diagnostic s'est montré très nettement positif douze fois.

Il faut, en outre, remarquer avec la plupart des auteurs qui ont pratiqué l'hémoculture au cours des pneumonies et dont les statistiques, comme nous l'avons vu, sont des plus variables, que le pneumocoque a déjà disparu de la grande circulation lorsque l'examen clinique en révèle les diverses localisations.

Trois malades, considérés tout d'abord comme des urémiques et dont nous avons relaté l'histoire clinique, présentèrent un sérum nettement agglutinant. Chez l'un d'eux, la

présence d'une péricardite purulente à pneumocoque, découverte à l'autopsie, venait donner la preuve la plus manifeste
de la septicémie pneumococcique dont il était frappé. Les
deux autres malades, non seulement avaient du pneumocoque
dans le bucco-pharynx, ce qui est, comme nous l'avons vu,
la règle presque absolue chez le vieillard, mais même de la
stomatite et de la pharyngite avec légères ulcérations qui
pouvaient facilement avoir été la porte d'entrée de l'infection.

Réaction de fixation aux pneumocoques.

Il était en outre intéressant de rechercher, d'une manière
systématique, les réactions de fixation aux pneumocoques
et aux pneumobacilles de FRIEDLANDER, chez un grand nombre
de malades, les uns atteints de septicémies pneumococciques
avérées, les autres de pneumonies ordinaires, et de comparer
les résultats obtenus avec ceux que l'on trouve chez d'autres
malades, ou chez les individus sains au moins en apparence.

Les recherches que nous avons entreprises sur les anticorps
pneumoniques consistent à mettre en présence les pneumocoques qui servent d'antigène, un sérum suspect, et un
complément quelconque pendant un certain temps. On
ajoute ensuite du sérum hémolytique chauffé à 55° et des
globules rouges correspondants. Dans nos expériences, nous
avons presque constamment employé un système hémolytique de lapin anti-mouton.

S'il y a hémolyse, les globules rouges détruits mettront
en liberté leur hémoglobine qui donne au mélange, même
après centrifugation, une teinte rouge facile à constater ; si,
au contraire, elle n'a pas lieu, les globules rouges tombent au
fond, le liquide surnageant reste clair.

Y a-t-il hémolyse ? C'est que le complément était présent,
il n'a pas été fixé, il n'y avait donc pas de sensibilisatrice
spécifique dans le sérum, le malade n'est donc pas atteint de

la maladie (pneumococcie) à laquelle correspond l'antigène employé (pneumocoque).

N'y a-t-il pas, au contraire, d'hémolyse, c'est que la combinaison s'est produite, le complément a été dévié et fixé et le malade est bien atteint de l'affection à laquelle correspond l'antigène.

Nous avons recherché les anticorps pneumoniques dans le sérum des individus atteints manifestement de pneumococcémie, et les divers anticorps formés dans les organismes des malades atteints des septicémies les plus diverses avec détermination pulmonaire secondaire. Ces résultats ont été tous obtenus en employant les mêmes méthodes qui sont les suivantes :

Antigène. — Nous avons dans la plupart de nos expériences employé comme antigène les diverses cultures microbiennes de pneumocoque, de pneumobacille de Friedlander, de streptocoque, et de staphylocoque suivant la septicémie en cause. Les cultures de pneumocoque sont de beaucoup les plus difficiles à obtenir, parce qu'elles ne poussent, en effet, que sur certains milieux et parce que leur virulence varie d'un jour à l'autre. Si l'on n'a pas soin de réensemencer continuellement les tubes de culture et d'inoculer fréquemment des souris en reprenant ensuite le sang du cœur, on peut assez rapidement perdre l'espèce de pneumocoque sur laquelle on veut expérimenter. Nous avons, dans la majorité des cas, employé comme milieu la gélose sanguine indiquée par MM. Bezançon et Griffon. Il suffit de gratter superficiellement la culture et de la broyer ou de la dissoudre dans un tube aseptique auquel on ajoute de l'eau chlorurée isotonique en quantité variable, suivant la qualité et l'abondance du microbe que l'on veut expérimenter.

Il est d'ailleurs nécessaire de toujours titrer son antigène, et tandis que dans certaines réactions comme celles de Wassermann on tend à mettre toujours une trop grande quantité de ce dernier, avec les cultures microbiennes, au contraire,

Technique des réactions de fixation dans l'étude des pneumopathies d'origine sanguine.

TABLEAU DES DIFFÉRENTS PRODUITS EMPLOYÉS.

Antigènes. Cultures microbiennes.	Pneumocoques.	Culture sur gélose sanguine ou sérum lapin. Dilution eau physiologique.
	Pneumobacille de Friedlander.	Délayer dans 1 centim. cube tout ce qui a poussé sur un tube de gélose. Titrer l'antigène.
	Streptocoque.	Délayer ce qui a poussé sur quatre ou cinq tubes de gélose.
	Staphylocoque.	Culture sur gélose ou bouillon isotonique.
	Bacille d'Eberth.	Racler légèrement la surface de plusieurs tubes de culture.
	Anaérobies.	Repiquage. Employé dans un seul cas sans résultats.
	Kystes hydatiques.	Liquide de kyste hydatique de mouton.
	Mycoses.	Culture sur gélose glucosée.
Sérum suspect. (Inactive.)		Sang pris dans la veine. Sérum recueilli après décollement du caillot. Chauffé à 55° pour détruire son complément naturel.
Complément.		Sérum de cobaye frais. Le complément s'altère très rapidement. (Glacière.)
Sérum hémolytique chauffé à 55°.		Sérum hémolytique de lapin anti-mouton. Se prépare en injectant à des lapins tous les cinq jours 5, 10, 15, 20 centimètres cubes de globules de mouton lavés. Recueillir le sérum par saignée de la veine auriculaire du lapin (passer au xylol pour faire saillir la veine). Chauffer à 55° une demi-heure pour détruire le complément.
Globules rouges de mouton lavés.		Sang de mouton défibriné. Globules rouges lavés avec eau chlorurée hypertonique à 9 p. 100. Prendre 0,01 d'une solution à 50 p. 100 ou une goutte de purée de globules lavés.

il convient de ne faire que des dilutions assez denses.

Nous n'avons pas eu l'occasion d'observer de broncho-pneumonie d'origine mycosique. Dans deux cas de kystes hydatiques du poumon, dont l'origine sanguine était bien évidente, nous avons trouvé la réaction de WEMBERG positive.

Renseignements fournis par les réactions de fixation dans les pneumopathies.

Les premières recherches que nous avons entreprises ont porté sur la présence des anticorps pneumoniques chez des malades atteints de pneumococcémie avérée. Huit cas, parmi lesquels quatre se sont terminés par la mort, ont été examinés à ce point de vue : la réaction de fixation s'est toujours montrée positive, l'ensemencement du sang a prouvé dans cinq cas la présence du pneumocoque.

Nous avons examiné dix-huit pneumonies classiques où l'ensemencement de sang n'a pu être pratiqué ou est resté stérile : la réaction de fixation s'est montrée seize fois positive. Il convient cependant de faire à ce sujet quelques remarques. Tout d'abord, cette réaction existait dans cinq cas dans lesquels nous avons recherché ce phénomène particulier dès les premiers jours de la pneumonie. Il nous a même été donné d'examiner tout récemment le sérum recueilli quelques heures après le frisson initial : déjà il contenait des anticorps spécifiques au pneumocoque.

Si l'on rapproche ce fait de ce que l'on observe dans la syphilis, par exemple, on doit se demander comment il est possible, si l'apparition du foyer pulmonaire est, comme le voudrait la théorie classique, la localisation primitive du pneumocoque, que des anticorps soient capables de se former aussi rapidement dans l'organisme.

Nous avons vu en effet que la réaction de WASSERMANN était négative tant que le tréponème pâle n'avait pas quitté les voies lymphatiques pour pénétrer dans la grande circulation. Il est actuellement encore impossible de montrer d'une façon définitive que la septicémie est indispensable pour la production dans l'organisme des anticorps. Nous croyons donc que l'on peut attacher une réelle importance à ce fait que les anticorps pneumoniques existent déjà dans l'organisme lorsque éclatent les premiers symptômes cliniques révélateurs de l'affection.

Recherche des anticorps après guérison.

Nous avons cherché à quel moment les anticorps disparaissaient du sérum après la guérison. Il est difficile d'établir une règle, car les résultats qu'il nous a été donné d'observer ont été des plus variables. Alors que logiquement et par comparaison avec les autres infections, les anticorps pneumoniques devraient persister longtemps dans le sérum des malades atteints de cette affection, nous les avons vus pratiquement disparaître rapidement dans quatre cas. C'est ainsi que chez deux vieillards atteints l'un de broncho-pneumonie, l'autre de pneumonie franche aiguë à pneumocoque, la disparition des anticorps a paru suivre de près la défervescence et la crise urinaire.

Ces faits, d'ailleurs, sont d'accord avec la clinique, qui nous montre l'absence d'immunité consécutive à cette maladie et la fréquence des récidives et des localisations extra-pulmonaires du pneumocoque chez des individus antérieurement frappés de pneumonie.

Anticorps chez les individus normaux.

Le point le plus intéressant de nos recherches est le suivant : sur quatorze sérums d'individus normaux ou tout au moins considérés comme tels, soit parce qu'ils présentaient des phénomènes morbides de tout autre nature, soit parce qu'il s'agissait réellement d'individus sains, nous avons été surpris de trouver cinq fois une réaction positive. Nous avons eu l'occasion en particulier d'examiner plusieurs fois notre propre sérum, alors qu'il s'était montré toujours dépourvu d'anticorps spécifiques vis-à-vis de n'importe lequel des antigènes employés couramment dans nos expériences : il donna très nettement. pendant quatre jours consécutifs, une réaction positive. Or, il est intéressant de noter que, pendant cette période, nous ne présentions aucun symptôme pathologique. Le pneumocoque était, il est vrai, présent dans notre salive, mais nous n'avons pu le déceler ni dans notre sang (un ensemencement sur eau peptonée ayant été pratiqué) ni dans nos urines.

Deux personnes dont les sérums donnèrent également — et cela à différentes reprises — des résultats positifs, nous ont déclaré avoir présenté, deux et six jours auparavant, une angine légère avec état grippal : c'est à cette époque qu'il eût été intéressant de pratiquer un ensemencement de sang.

De tels faits nous paraissent d'une interprétation particulièrement difficile, et de nouvelles recherches s'imposent sur ces réactions. Nous ne pensons même pas que la réaction de fixation puisse être toujours considérée comme une réaction d'immunité. On ne peut guère, jusqu'à présent, formuler que des hypothèses ; il est néanmoins possible d'admettre que le pneumocoque, hôte naturel de notre cavité buccale, et si fréquemment réfugié dans les cryptes amigdaliennes, puisse facilement franchir la barrière épithéliale, pénétrer dans le torrent circulatoire et être éliminé assez rapidement pour qu'aucun symptôme clinique n'ait eu le temps de faire son apparition. On pourrait ainsi comprendre la présence des anticorps pneumoniques dans des sérums normaux.

Recherche des anticorps streptococciques.

Dans la plupart des cas que nous avons relatés de septicémie streptococcique avec détermination pulmonaire, qu'il s'agisse de septicémies puerpérales ou de streptococcies consécutives à l'érysipèle dé la face ou au phlegmon diffus, nous avons également recherché la présence des anticorps spécifiques vis-à-vis du streptocoque.

La difficulté réside ici, autant que pour le pneumocoque, à posséder des cultures suffisamment riches.

Nous nous sommes servi, comme antigène, d'une émulsion fabriquée en délayant dans un centimètre cube d'une solution de chlorure de sodium à 8 p. 1 000, tout ce qui avait poussé sur quatre ou cinq tubes de gélose, en vingt-quatre heures. Cette émulsion, pour être suffisante, doit être franchement trouble, et nous avons été souvent obligé de recommencer les expériences à cause de la faiblesse de notre antigène.

Dans trois cas de septicémie puerpérale, elle s'est montrée nettement positive, ainsi que dans un cas d'érysipèle suivi de broncho-pneumonie érysipélateuse dont nous avons, en raison de son intérêt, tenu à rapporter l'observation complète.

Cette recherche des anticorps spécifiques dans les sérums des malades atteints de streptococcies diverses, a déjà été pratiquée avant nous par MM. Foix et Mallein, puis par M. Mariano Castex (de Buenos-Ayres). Ces auteurs ont eu des résultats assez variables. Au cours de l'érysipèle par exemple, tantôt elle est positive, et ce paraît être d'ailleurs le cas le plus fréquent ; tantôt, et ce n'est pas dans les formes les plus bénignes, elle paraît rester négative. Au cours de la scarlatine ayant débuté par une angine dont l'examen bactériologique a démontré la nature streptococcique, la réaction est parfois positive, le plus souvent elle reste négative.

Dans deux pleurésies purulentes streptococciques, observées dans le service de M. Widal, le sérum des malades contenait des anticorps spécifiques.

Ces résultats nous paraissent d'accord avec cette hypothèse que l'infection purement locale est insuffisante à créer la production dans l'organisme des sensibilisatrices spécifiques, et qu'au contraire, l'infection sanguine la provoque rapidement.

Ces phénomènes, d'ailleurs, ne sont pas rares. Nous avons constaté dans tous les cas de fièvre typhoïde accompagnée d'accidents pulmonaires, dans deux cas de pneumonie à pneumo-bacille de Friedlander, dans deux cas de kyste hydatique du poumon, les réactions de fixation positives, en prenant comme antigène ces divers agents pathogènes.

Nous avons recherché également s'il était possible de mettre en lumière, au cours des gangrènes pulmonaires, le même phénomène avec des anaérobies. Les résultats que nous avons obtenus n'ont pas été probants.

Si ces diverses recherches ne nous permettent pas de donner un argument absolument décisif à la thèse que nous soutenons, elles nous paraissent cependant plaider aussi en sa faveur.

Recherche du pouvoir opsonique.

La question des opsonines après une période d'essais et de tâtonnements qui dure à l'étranger depuis près de six ans, est sortie du domaine des conceptions biologiques et sert de base à une thérapeutique nouvelle.

Il se forme dans tout organisme auquel on injecte des vaccins spécifiques ou qui est atteint d'une affection déterminée, des substances particulières qui font partie des anticorps et tendent à favoriser la phagocytose : ce sont les opsonines. C'est une application de la méthode générale de l'immunisation.

WRIGHT a montré que l'on peut déterminer le pouvoir phagocytaire d'un sérum en numérant les bacilles englobés par un certain nombre de leucocytes activés par ce sérum. L'indice opsonique est le rapport entre le pouvoir phagocytaire d'un sérum suspect et le même pouvoir d'un sérum normal.

La technique est des plus délicates. On met en contact dans une pipette capillaire une quantité égale de sérum, d'émulsion microbienne et de leucocytes, puis on étale et on colore sur lames le mélange; le rapport du chiffre des microbes phagocytés à celui des leucocytes comptés, représente le pouvoir opsonique du sérum employé.

Nous avons pratiqué cette recherche dans trois cas de pneumonie : le pouvoir opsonique était considérablement augmenté vis-à-vis des pneumocoques. Ce résultat paraît conforme aux conclusions de Wright.

Les travaux de Tschistovitch et Jourewitch semblent prouver que la capacité opsonique du sang chez les chiens infectés avec le pneumocoque, varie avec la virulence de ce dernier. L'absence de phagocytose, lorsqu'il s'agit de diplo-coque virulent, ne dépend pas de l'absence des opsonines dans le sérum, mais de la présence dans les cultures de matières particulières défendant les microbes contre les phagocytes. Ces auteurs désignent ces matières sous le nom d'antiphagines.

Il ne doit s'agir, à notre avis, que de réaction physico-chimique de colloïdes à colloïdes.

Quoi qu'il en soit, il nous paraît intéressant de noter que les mêmes formules opsoniques s'observent dans la pneu-monie et dans toutes les autres septicémies.

Recherche de la viscosité du sang et du pouvoir antitryptique des sérums dans la pneumonie

Nous avons, dans le service de M. le Pr Widal, recherché, à l'aide du viscosimètre de Hess, la viscosité du sang dans un grand nombre d'affections, et en particulier au cours des maladies du poumon. Alors que cette viscosité est diminuée dans la fièvre typhoïde, fait qui est, croyons-nous, en rapport avec la leucopénie habituelle dans cette maladie, elle est au contraire assez considérablement augmentée dans ce que l'on désigne sous le nom de grippe et dans la pneumonie.

Sur six pneumonies observées dont deux étaient des septicémies à pneumocoque, comme l'a prouvé le contrôle bactériologique, la viscosité variait entre 0,5 et 0,8, chiffres légèment supérieurs à la normale, qui est 0,4 à 0,5.

Dans l'état actuel de nos connaissances à ce sujet, il nous paraît difficile de tirer de ces constatations une conclusion quelconque.

Depuis les travaux de Brigger, on a pratiqué en Allemagne et en France de nombreuses recherches sur le pouvoir antitryptique des sérums. On sait que normalement le sérum humain est capable de neutraliser l'action de la trypsine. On peut aisément se rendre compte de la valeur d'un sérum à ce point de vue, en recherchant combien de gouttes d'une trypsine exactement dosée il faut ajouter à une goutte du sérum que l'on veut examiner, pour produire la digestion d'une même quantité de sérum de bœuf coagulé. Voici la technique simple que l'on adopte en pareil cas.

On se sert de la trypsine de Kahlbaum au centième et l'on fait des mélanges d'une quantité progressivement croissante de cette substance (2, 3, 4, 5, 6, 7, 8, 9, 10, 11, 12 gouttes) avec une goutte du sérum à analyser, dans des godets.

On a, d'autre part, sur des plaques de Pétri, fait coaguler à 80° un bouillon additionné de sérum de bœuf. On verse lentement, sur ce produit ainsi obtenu, une goutte du mélange contenu dans chacun des godets, et l'on porte à l'étuve pendant vingt-quatre heures. Le lendemain, on remarque facilement l'endroit où manifestement commence la digestion grâce à la cupule produite à la surface par la destruction des matières albuminoïdes. On peut ainsi désigner le pouvoir antitryptique du sérum examiné par le nombre de gouttes de trypsine existant dans le mélange qui le premier a été capable de déterminer la cupule de digestion.

Les chiffres de 1 sur 4, 1 sur 5 sont ordinairement observés quand il s'agit de sérums normaux.

Poggenpohl a dernièrement étudié, dans le service de

M. Widal, le pouvoir antitryptique du sérum de cancéreux.
Il est arrivé, d'ailleurs, à des résultats analogues à ceux de
Brigger : les sérums des cancéreux possèdent dans la plupart
des cas un pouvoir antitryptique variant entre 1,6 et 1,12,
c'est-à-dire qu'il est considérablement augmenté.

Cette étude nécessite encore de nouvelles recherches,
mais il est intéressant, dès aujourd'hui, de signaler qu'au
cours des maladies infectieuses en général, il n'existe pas
de modification de ce pouvoir, alors qu'au contraire, dans la
pneumonie, comme dans le cancer, ce dernier est considérablement augmenté.

Ce fait est, croyons-nous, en rapport avec la production
dans l'organisme des individus atteints de pneumococcie, de
substances très particulières qui doivent rentrer dans le
groupe des anticorps.

CHAPITRE V

TOXINES. — INTRADERMO ET INTRAMUCO-RÉACTIONS A LA PNEUMOCOCCINE.

La clinique montre dans certains cas, au cours de septicémies à pneumocoque, des phénomènes qui paraissent bien
sous la dépendance des toxines élaborées et de leur action
sur le centre nerveux.

On connaît la fréquence de l'herpès labial au cours de la
pneumonie à tel point qu'il apparaît comme un signe quasi-
pathognomonique de l'infection et que sa présence éveille
immédiatement l'idée du pneumocoque.

Giraudeau a signalé des cas de zona pneumonique et
Talamon a insisté sur les connexions microbiennes évidentes
qui existent entre cette affection et les pneumococcies.

Nous avons eu l'occasion d'observer à l'hôpital Saint-
Louis, avec notre collègue Maillet, un cas de maladie de

Duhring avec température élevée et très nombreuses vésicules de pemphigus. L'hémoculture montra la présence dans le sang d'un diplocoque ; dans les vésicules on ne trouvait pas de microbe ou des staphylocoques venus évidemment de l'extérieur.

Il semble difficile de ne pas admettre, dans tous ces cas où la septicémie était évidente, une action particulière de toxine sur le système nerveux. Cette conception, en effet, pouvait rendre compte de la production de l'herpès, des vésicules de zona, des bulles pemphigoïdes. Il était donc naturel de rechercher l'action des toxines sur le système nerveux, et nous avons vu que cette étude demande à être poursuivie. Nous avons en outre pensé qu'il serait intéressant de pratiquer, avec des pneumococcines et des pneumobacillines de Friedlander, des intradermo-réactions. Malheureusement jusqu'à présent nous n'avons pu obtenir de toxines suffisamment virulentes pour que les expériences que nous avons tentées soient nettement concluantes. Les cultures chauffées injectées sous la peau sont bien capables de provoquer parfois une légère réaction locale, et il en est de même lorsqu'on les introduit à l'intérieur du derme.

Il est cependant difficile de tirer des conclusions des faits observés, d'autant que nous en possédons un trop petit nombre. Alors que les réactions à la tuberculose sont le plus souvent négatives chez le vieillard, fait qui tient sans doute à ce que rarement les tuberculeux atteignent un grand âge, les intradermo-réactions à la pneumotoxine paraissent au contraire des plus fréquentes.

Enfin, nous avons l'intention de poursuivre ces recherches et de pratiquer des intramuco-réactions pour voir s'il ne serait pas possible de reproduire expérimentalement l'herpès et d'instituer ainsi une méthode capable de donner des renseignements précieux, tant au point de vue pathogénique qu'au point de vue diagnostique.

LIVRE V

ESSAI DE PATHOGÉNIE GÉNÉRALE DES MALADIES DU POUMON

Origine aérienne et origine sanguine.

Les faitscliniques dont nous avons rapporté l'histoire nous ont démontré les localisations pulmonaires fréquentes au cours de toutes les grandes septicémies humaines.

Dans l'anatomie pathologique de ces diverses pneumopathies, il nous a été relativement facile de trouver des arguments à l'origine sanguine de la plupart des affections du poumon. Dans l'étude de la pneumonie, seul un germe apporté par le sang peut déterminer des lésions aussi purement alvéolaires. La pneumonie du fœtus, qu'une étude anatomopathologique approfondie permet de rapprocher des pneumonies que nous avons coutum e d'observer en clinique journalière, constitue le meilleur argument à cette manière de voir.

L'expérimentation sur les animaux permet de réaliser, en se plaçant dans certaines conditions, les lésions du parenchyme pulmonaire que l'on observe chez l'homme.

Cette façon de concevoir les pneumococcies paraît conforme aux données de la pathologie générale et aux résultats fournis par l'application, à leur étude, de tous les procédés nouveaux de laboratoire.

Il reste maintenant à rechercher dans tous ces faits une explication rationnelle de la genèse même de tous les accidents présentés. Il importe de reconstituer dans son ensemble toute l'histoire des pneumopathies hématogènes.

L'existence à peu près constante du pneumocoque dans la bouche et le pharynx rend légitime cette conception que l'origine des voies digestives et respiratoires est la porte d'entrée la plus fréquente de toutes les septicémies, et en particulier de celles qui détermineront secondairement des localisations pulmonaires.

La bouche est, à l'état normal, peuplée de microorganismes. De ces divers germes, les uns sont ordinairement inoffensifs et vivent en simples saprophytes, les autres sont des bactéries pathogènes comme le staphylocoque blanc et doré, le streptocoque, le pneumo-bacille de Friedlander, le bacille de Koch enfin, visiteur déjà plus rare et plus discret.

Ce serait une erreur de croire, comme nous l'avons pu démontrer, que ces germes sont atténués dans leur virulence. Au reste, et pour parer d'une manière continue à l'action si facilement pathogène d'un grand nombre de bactéries de la cavité buccale, notre organisme est protégé par une triple ligne de défense : continuité du vernis épithélial ; présence de leucocytes chargés d'un pouvoir phagocytaire ; chaîne pour ainsi dire ininterrompue de glandes lymphatiques, qui encercle d'un véritable anneau de protection ganglionnaire le pharynx et la bouche.

Mais combien elle nous apparaît fragile, lorsqu'on la compare à la barrière offerte par le merveilleux épithélium à cils vibratiles qui tapisse les voies aériennes supérieures.

La salive et le mucus sont souvent modifiés dans leur composition chimique, leur coefficient de sécrétion s'atténue rapidement.

Dans ces conditions, sous l'influence desquelles s'exalte si fortement la virulence bactérienne, il suffit d'une excoriation de l'épithélium buccal, et voilà la porte ouverte à l'infection généralisée.

Si l'on considère combien est exposée la muqueuse de la bouche aux ulcérations de toutes sortes, les plaies de la langue, des gencives et de la joue produites par la mastication et le contact des aliments, le frottement de la langue sur une dent cariée, les desquamations épithéliales provoquées par les brûlures, les aphtes, l'herpès, la structure de l'amygdale qui présente des cryptes dans lesquels pullulent tous les microbes, on comprend qu'il y a une quantité de brèches par lesquelles l'agent infectieux peut à chaque instant pénétrer dans l'organisme.

Les processus inflammatoires sont pour ainsi dire constants et passent bien souvent inaperçus. Chez les vieillards que nous avons examinés à ce point de vue, il n'en est en réalité aucun de normal.

Recherche du pneumocoque dans la salive et à la surface de l'amygdale.

Il est de notion courante que le pneumocoque peut être rencontré dans la gorge en dehors de tout état pathologique. C'est chez un enfant indemne de toutes lésions que PASTEUR a découvert le microbe de la septicémie salivaire qui devait devenir le pneumocoque.

FRÆNKEL, WOLF, FATICHI, BIONDI le trouvent dans une moyenne de 15 p. 100 des cas. Les recherches de M. NETTER nous ont conduit à cette conception aujourd'hui classique que l'inoculation de la salive de 20 p. 100 des individus non pneumoniques détermine une septicémie pneumococcique expérimentale. En substituant à la pratique de l'inoculation massive de salive la méthode de la culture du mucus amygdalién dans un milieu électif pour ce microbe, MM. BEZANÇON et GRIFFON sont arrivés à cette conclusion : que la notion classique de *fréquence* doit être remplacée par celle de la *constance* du pneumocoque dans la gorge normale et pathologique.

Nous sommes arrivé, pour notre part, à des conclusions identiques dans nos recherches qui ont porté sur dix-huit gorges de vieillards.

Non seulement le pneumocoque était présent dans toutes, mais il possédait même la plupart du temps une virulence considérable. Nous avons été amené, au cours de ces recherches, à constater que bien souvent il devait être la cause d'angines érythémateuses subaiguës et chroniques que l'on rencontre chez un grand nombre de vieillards hospitalisés à Bicêtre.

Enfin, nous avons vu que bien souvent il dépassait la barrière épithéliale, provoquant la septicémie latente à pneumocoque que nous pensons avoir mise en lumière. Ce fait est à rapprocher des constatations d'autopsie qui montrent le rôle prépondérant de l'infection pneumonique dans la pathogénie de la mort des vieillards.

Angines à pneumocoques.

Si fréquentes que puissent être les diverses angines, elles le sont encore plus souvent qu'on ne le pense. MM. BEZANÇON et GRIFFON ont montré de nombreux cas d'angines à pneumocoques. Elles affectent une allure clinique des plus variable et il conviendrait de pratiquer des recherches bactériologiques plus suivies pour mettre en lumière le rôle joué par ce microbe dans la production d'un grand nombre de processus inflammatoires atténués.

Nous avons eu, pour notre part, l'occasion d'en examiner d'assez nombreuses, en voici par exemple un cas des plus caractéristiques.

Il s'agit d'un jeune homme pris brusquement de frissons intenses avec élévation de la température à 40°, céphalée et courbature généralisée. Le voile du palais et les amygdales sont rouges. On ne constate aucun signe de localisation, l'ensemencement du sang reste négatif. Le lendemain, on aperçoit sur l'amygdale une fausse membrane blanchâtre qui fait penser à la diphtérie; l'examen bactériologique (examen direct et culture) montre le pneumocoque à l'état de pureté. Il s'agissait, comme nous avons eu l'occasion de le vérifier par l'expérimentation, d'un microbe des plus virulents.

Les jours suivants la fausse membrane tombe, laissant place à une ulcération dont l'aspect clinique permettait de soupçonner une angine de Vincent. Il y eut alors une septicémie à pneumocoque passagère. Aucun signe pulmonaire ne se montra, et le malade guérit au bout de huit jours après avoir présenté des douleurs articulaires et une teinte subictérique des téguments.

Il serait aisé de multiplier ces exemples. La stomatite folliculaire à pneumocoque a été signalée par quelques auteurs (Uckmar, Descos, etc.). Les aphtes de la bouche contiennent, dans certains cas, du pneumocoque en telle abondance que l'on peut se demander s'il ne doit pas être considéré comme la cause même de l'ulcération.

Angines à pneumobacille de Friedlander.

MM. Nicolle et Hébert, dans une récente revue générale, ont réuni dix-neuf cas d'angines à pneumobacille de Friedlander (Max Sloos, Léon, Pakes, Mayer, Billet, Hébert, Lépine et Descos). L'évolution clinique de ces angines est particulière et présente toujours ce double caractère bien mis en lumière par Nicolle : la ténacité et la bénignité. La rareté des cas observés vient certainement en partie de ce que beaucoup passent inaperçus en raison de leur allure bénigne. Nous avons pu retrouver trois fois le pneumobacille de Friedlander sur des lésions buccales et amygdaliennes, chez des vieillards, à l'infirmerie de Bicêtre, dans le service do M. le Pr Marie.

L'un des cas était une angine à fausse membrane adhérente, durant depuis près d'un mois et qui nous avait fait penser à la tuberculose. Ces pneumobacilles se sont toujours montrés d'ailleurs d'une virulence faible.

Inflammation des végétations adénoïdes et pneumonie.

Les auteurs anglais, frappés par la coïncidence, au cours

de ces dernières années, de certaines formes de pneumonie avec l'inflammation des végétations adénoïdes, ont considéré ces dernières comme le point de départ de nombreuses septicémies. Il s'agit souvent d'enfants respirant par la bouche et ronflant la nuit qui, après quelques manifestations catarrhales (écoulement nasal, infection des paupières, troubles gastro-intestinaux), font de la pneumonie lobaire. Ils restent exposés à des récidives si l'on ne procède pas à l'ablation des végétations adénoïdes.

MM. Chauffard et Laroche ont dernièrement rapporté à la société médicale des hôpitaux un cas d'œdème aigu pneumococcique du larynx avec pneumonie et septicémie pneumococcique consécutive et en admettent l'origine sanguine probable. C'est là un fait exceptionnel, et il est intéressant de faire remarquer avec quelle rareté le pneumocoque dépasse le carrefour des voix digestives et respiratoires pour atteindre le larynx.

Origine intestinale.

On sait que c'est le propre des infections sanguines de déterminer des troubles intestinaux. La plupart des pneumonies graves s'accompagnent de diarrhée plus ou moins intense, parfois même dysentériforme et l'on a pu signaler des ulcérations pneumococciques de l'intestin, au niveau des plaques de Peyer, rappelant les lésions de la fièvre typhoïde. On a également, il y a quelques années, trouvé le pneumocoque dans des ulcères d'estomac et l'on décrit une variété de gastrite pneumococcique. Nous avons retrouvé le pneumocoque dans les selles, ce qui constitue la preuve manifeste qu'il peut déterminer des lésions intestinales. Il paraît logique d'admettre, en pareil cas, que ce n'est pas un microbe descendu de l'œsophage ayant résisté à l'action des sucs gastriques et intestinaux, qu'on retrouve dans les matières fécales, mais plutôt un germe apporté par la bile ou venu directement par voie sanguine coloniser dans les follicules clos.

L'expérimentation nous a montré en effet le passage dans les fèces des animaux de larves déposées sous la peau, et les conditions nécessaires pour qu'un hôte de l'intestin pénètre dans la circulation générale. Nous avons enfin relaté en détail les expériences de M. CALMETTE, sur l'origine intestinale de la pneumonie.

Il est en tout cas probable que dans les conditions réalisées par la clinique journalière, cette origine est rare.

Origine cutanée.

Les autres portes d'entrée sont déjà moins fréquentes. L'origine cutanée, dont nous avons démontré la réalité pour certaines espèces microbiennes et parasitaires, ne saurait être considérée comme habituelle quand il s'agit du pneumocoque.

M. DESGUIN a cependant rapporté son auto-observation intéressante à ce point de vue.

Il se blesse au cours d'une intervention opératoire dans un cas de péritonite purulente à pneumocoque. Le soir même, il ressent une sensation de chaleur douloureuse au dos de l'index gauche, sans qu'il soit possible de trouver à ce niveau la moindre solution de continuité. Le lendemain, la température monte à 41º, les douleurs locales ont diminué, mais les ganglions de l'aisselle sont augmentés de volume. Les jours suivants l'infection se généralise et l'ensemencement du sang ne fait que confirmer le diagnostic de pneumococcémie porté par le malade lui-même. Il présenta dans la suite des phénomènes polynévritiques et un abcès à pneumocoque. La convalescence fut assez longue mais la guérison complète.

Les trois phases, inoculation locale, étape lymphatique, étape sanguine, furent, dans ce cas schématique, réalisées d'une manière quasi-expérimentale.

MM. Bouchacourt et Jeannin ont rapporté le cas suivant, qui prouve la contamination par la peau d'une pneumococcémie ayant donné lieu à des accidents divers et en particulier à de la méningite cérébro-spinale. Il s'agissait d'un enfant né à terme qui présenta le dixième jour une plaie sans importance du cuir chevelu contenant du pneumocoque en abondance. Vingt jours après, des convulsions apparurent et l'enfant succomba en quarante-huit heures avec une méningite purulente à pneumocoque. La contamination se serait faite par la mère, qui avait contracté une pneumonie quelques jours auparavant.

MM. Gilbert et Grenet ont observé une lymphangite à pneumocoque chez un malade qui s'était fait une blessure superficielle sans importance et qui n'avait jamais eu de pneumonie.

Le pharynx et la peau ne sont pas les seules portes d'entrée du pneumocoque ; d'autres, en effet, ont été signalées, mais à titre plus exceptionnel.

M. Delestre relate l'observation d'une femme enceinte de sept mois qui fut amenée à la Maternité dans le coma avec une hémiplégie gauche. La mère mourut pendant la délivrance, l'enfant succomba au bout de trois jours après quelques convulsions.

Les autopsies et les examens bactériologiques montrèrent, chez la mère, une méningite à pneumocoque, chez l'enfant un foyer de pneumonie à la base droite avec le même microbe ; celui-ci a été trouvé également dans le sang, la sérosité péricardique, le liquide céphalo-rachidien et sur des coupes de poumon, de foie et de rate. La porte d'entrée aurait été, d'après l'auteur, la cavité utérine.

Infection oculaire.

Enfin, MM. Legendre et Morax ont cité des cas d'infections oculaires par le pneumocoque, les unes primitives, les autres secondaires à une septicémie pneumococcique.

Quelle que soit la porte d'entrée, le microbe pénètre assez rapidement dans l'organisme, comme semblent le prouver les ensemencements massifs de sang qui, pratiqués même au début des accidents locaux présentés, ont révélé la présence du pneumocoque dans le sang.

Absorption des toxines au niveau de l'amygdale.

Partout où ce microbe séjourne, il sécrète des toxines dont l'absorption peut être rapide et continue. Goodale (de Boston) a montré que dans les conditions normales, la muqueuse des cryptes amygdaliennes est le siège d'un processus d'absorption continue. Les substances absorbées pénètrent dans les espaces lymphatiques interfolliculaires, où les microbes subissent l'action phagocytaire des polynucléaires neutrophiles. On trouve des bactéries dans les cryptes tonsillaires, le plus souvent on ne les rencontre pas au sein du tissu propre de l'amygdale ; il y a lieu de supposer qu'elles peuvent passer dans ce tissu, peu de temps après avoir pénétré. Mais il y a une absorption des toxines irritantes qui se développent dans ces cryptes comme dans un tube de culture. L'infection tonsillaire peut donc prendre naissance par l'intermédiaire des produits de sécrétion des muqueuses nasales et buccales contaminées.

Cette absorption des toxines au niveau de l'amygdale nous amène à considérer les raisons que l'on peut invoquer pour expliquer la topographie si particulière d'un grand nombre d'affections pulmonaires et surtout de la pneumonie.

Répartition des lésions et rôle du système nerveux.

La topographie segmentaire de la pneumonie franche aiguë est encore un des points les plus particuliers de son histoire clinique. Tous les auteurs qui ont cherché à soutenir telle ou telle pathogénie, ont voulu trouver dans ce fait remarquable un argument en faveur de leur thèse.

L'infection bronchique ne peut guère expliquer la topographie de la lésion, car on sait que le propre des infections canaliculaires ascendantes est la dissémination des lésions par suite de l'inégale répartition des germes dans les différents conduits bifurqués. En réalité, nous connaissons, depuis les travaux de MM. Hutinel et Claisse, les lésions qui sont ainsi provoquées. Même lorsqu'elles sont produites par le pneumocoque, elles aboutissent à la broncho-pneumonie lobulaire, et c'est là un argument que nous avons souvent invoqué. Celle-ci est parfois disséminée, parfois pseudo-lobaire, mais toujours avec nodules péribronchiques prédominants ; elle n'aboutit jamais à la pneumonie, vraie, homogène, massive et segmentaire.

La propagation lymphatique, dit M. Carnot, dans une étude récente très documentée sur cette question, paraît *à priori* beaucoup plus admissible pour expliquer une lésion massive et homogène. L'examen histologique montre une participation assez nette des vaisseaux lymphatiques, qui, d'après Cornil et Ranvier, ont alors un contenu semblable à celui des alvéoles pulmonaires et qui paraissent gorgés de pneumocoque. D'autre part, des ganglions médiastinaux aboutissants des lymphatiques pulmonaires sont intéressés, augmentés de volume, tuméfiés et friables. Mais l'infection par la voie lymphatique ne suffit pas à expliquer la si grande particularité de cette topographie. De nombreuses affections, certainement propagées par voie lymphatique, ne présentent en effet ni l'aspect, ni la topographie de la pneumonie. Telle est par exemple la péripneumonie des bovidés, due certainement à un microbe invisible, comme l'ont démontré les recherches de MM. Nocard et Roux. En pareil cas on voit une mosaïque de plaques rouges auréolées d'une zone jaunâtre et qui représentent les lymphatiques distendus par la sérosité. Quelque mal connue que soit la répartition des lymphatiques pulmonaires, que l'on admette des réseaux lobaires indépendants ou des communications interlobaires étendues, on ne peut guère s'expliquer que la seule circulation lymphatique soit capable de tenir sous sa dépendance la localisation du processus phlegmasique à un seul lobe.

Il est bien certain que l'on ne peut trouver la raison de cette répartition segmentaire que dans l'envahissement par les vaisseaux sanguins.

On ne s'explique pas mieux que pour la bronche, une lésion artérielle localisée uniquement à la branche lobaire. Ces cas existent bien exceptionnellement, mais il paraît aujourd'hui démontré, que dans la topographie de la pneumonie, inter-vient pour une large part un affaiblissement segmentaire du poumon. Dans l'état actuel de nos connaissances, nous ne pouvons guère invoquer que l'intervention du système ner-veux. Le rôle des nerfs est d'ailleurs bien connu dans l'étio-logie des affections pulmonaires. De nombreux travaux se sont occupés de cette question résumée dans l'excellente thèse de M. MEUNIER, si bien même que l'on a pu étudier une forme spéciale dite pneumonie du vague.

On sait combien la compression ou la section du pneumo-gastrique s'accompagne de lésions pulmonaires variées et le rôle qu'on a pu faire jouer à ces faits dans l'action favo-risante à toutes les affections pulmonaires en général, et à la tuberculose en particulier, au cours des tumeurs situées dans le médiastin.

La pneumonie des pendus en constitue pour ainsi dire une preuve expérimentale.

Les anciens auteurs avaient recherché la pathogénie de ce phénomène en formulant des hypothèses variées et plus ou moins séduisantes. Ils invoquaient l'introduction dans les voies aériennes de débris alimentaires à la suite de la paralysie pharyngo-laryngée ; d'autres y voyaient une action trophique.

Depuis l'ère bactériologique, on explique plus simplement les choses : le système nerveux, en produisant de la vaso-dilatation, favorise l'infection.

Mais ce sont là des faits expérimentaux qui sont bien loin de la clinique journalière. Une altération, tout hypothétique d'ailleurs, du tronc nerveux du pneumogastrique dans la pneumonie n'expliquerait ni l'homogénéité ni la limitation si remarquable de la lésion pulmonaire.

C'est en réalité du côté des centres nerveux qu'il faut rechercher la cause de cette localisation segmentaire. Quelle que soit la théorie admise, on sait en effet, depuis les travaux de BRISSAUD, HEAD, VAN GEHUCHTEN et BOECK, qu'il y a des localisations médullaires, comme il y a des localisations cérébrales, et qu'à chaque segment viscéral ou cutané correspond un centre qui groupe les neurones correspondants. Cela est vrai principalement pour les centres trophiques et vasculaires.

On comprend que la lésion du centre ou du segment de centre qui correspond précisément aux terminaisons périphériques de la base du poumon puissent déterminer un trouble d'innervation uniquement localisé à cette base et inversement pour le sommet.

Voici ce que dit à ce sujet M. CARNOT : « On conçoit que, dans la pneumonie du segment inférieur du poumon, par exemple, l'attaque et la réaction soient commandées par le centre vaso-moteur et trophique de ce segment, que les pneumocoques envahissent d'abord et exclusivement celui-ci, parce qu'il est mal innervé, par conséquent mal défendu. On a ainsi l'explication de l'homogénéité réactionnelle aussi bien que de la topographie et de la limitation segmentaire de la pneumonie. »

Nous avons vu, à propos de l'anatomie pathologique et surtout au cours des affections pulmonaires qui surviennent chez les vieillards, la difficulté avec laquelle on différencie la pneumonie lobaire franche aiguë de certaines broncho-pneumonies. C'est qu'en effet, entre elles deux, il y a tous les intermédiaires, et en particulier la broncho-pneumonie pseudo-lobaire avec hépatisation de tout un lobe, et à laquelle s'applique par conséquent tout ce que nous venons de dire sur l'action du système nerveux dans la répartition des lésions.

Pour concevoir la participation des centres nerveux, il nous semble logique d'admettre l'action directe sur ces derniers des toxines microbiennes. On connaît depuis quelques années déjà la façon dont la toxine circulant dans le sang peut aller se fixer sur le centre. C'est par un mécanisme de cet ordre que le noyau qui préside aux mouvements de la mâchoire est rapidement touché par la toxine tétanique, quelle que soit sa porte d'entrée. La fixation de la toxine par le système nerveux avait déjà été mise en lumière pour le tétanos par Wassermann. MM. Guillain et Laroche ont tout dernièrement démontré, comme nous l'avons vu, et d'une manière ingénieuse, que la plupart des toxines, et en particulier la toxine diphtérique, allait se fixer d'une manière élective sur certains noyaux bulbaires.

Les expériences que nous avons entreprises en vue de déterminer le rôle joué par la toxine pneumonique sur le système nerveux, n'ont pu, jusqu'à présent, nous donner les résultats que nous étions en droit d'espérer. La toxine pneumonique est, en effet, des plus difficile à obtenir, et son action, toujours faible sur les centres nerveux, n'est pas aisée à mettre en lumière.

Nous comptons poursuivre ces recherches non seulement avec les toxines pneumoccociques, mais encore avec celles du streptocoque et du pneumo-bacille de Friedlander. Il nous paraît en tout cas logique d'admettre qu'au niveau de l'appareil lymphoïde du bucco-pharynx où, comme nous l'avons vu, pullulent les germes qui n'ont devant eux pour les arrêter qu'une faible barrière épithéliale, il puisse y avoir sécrétion et même résorption de toxines microbiennes.

On sait, d'autre part, que le plexus d'Andersch, qui innerve l'amygdale, est surtout composé par des faisceaux du glosso-pharyngien, du pneumogastrique et du sympathique cervical. Or, l'innervation du poumon est précisément — et l'on ne peut s'empêcher de rapprocher ces deux faits — sous la dépendance du même centre.

Ce n'est encore là évidemment qu'une hypothèse, mais qui a pour elle les arguments que nous venons d'invoquer et qui nous paraît plaider encore en faveur de l'origine toxinique et bacillémique des infections pulmonaires.

LIVRE VI

CONSÉQUENCE DE L'ORIGINE SANGUINE POUR LE PRONOSTIC ET LA THÉRAPEUTIQUE DES MALADIES DU POUMON

LIVRE VI

CONSÉQUENCE DE L'ORIGINE SANGUINE POUR LE PRONOSTIC ET LA THÉRAPEUTIQUE DES MALADIES DU POUMON.

Si l'on veut bien admettre que les agents pathogènes, pour arriver au poumon et y déterminer des lésions caractéristiques, empruntent la voie aérienne à titre exceptionnel et que la plupart des affections pulmonaires ne sont — comme nous pensons l'avoir démontré — que des manifestations d'une septicémie préalable, on comprendra aisément que cette nouvelle doctrine pathogénique dirige et commande une thérapeutique adéquate.

Le pronostic, dans bien des cas, ne sera nullement modifié par cette notion particulière, puisque nous avons vu que les septicémies en général sont loin de comporter le facteur de gravité qu'on leur attribuait autrefois.

La bactériémie est le plus souvent passagère, elle a une tendance naturelle à disparaître, mais elle est aussi plus fréquente qu'on ne l'admet ordinairement et peut ne se traduire que par des symptômes atténués.

Il appartient aux cliniciens avisés de la déceler dans tous les cas et les nouveaux moyens d'investigation scientifique, au premier rang desquels apparaît l'hémoculture, en donnent aujourd'hui la possibilité.

La conclusion s'impose, et comme toute septicémie latente est un danger en raison même des localisations les plus variées sur tous les organes, des microbes en circulation dans le sang, il faut de bonne heure, dès qu'elle est reconnue, entreprendre contre elle une lutte acharnée.

13

Pour arriver à ce but, un diagnostic précoce, qui nous est rendu plus facile aujourd'hui, est nécessaire ; il doit être immédiatement suivi d'une thérapeutique rationnelle.

Il n'existe évidemment pas de médicament spécifique pour toutes les septicémies, mais les découvertes de ces dernières années nous permettent d'espérer en l'avenir. En éclairant le mécanisme de l'immunité, l'étude des réactions humorales a permis de trouver les moyens de mettre l'organisme humain en état de défense contre un grand nombre d'affections. La vaccination tend à prendre une place de plus en plus grande, et nous connaissons déjà quelques-uns de ses merveilleux effets.

Il en est de même de a sérothérapie. Les modifications nouvelles et sans cesse en progrès apportées dans la technique de la préparation des sérums ont contribué, avec la notion récente des anticorps, à étendre considérablement son champ d'action.

La chimie physique, d'autre part, en éclairant d'un jour nouveau le mécanisme des diverses réactions qui se font au sein de notre organisme et en nous fournissant le moyen d'obtenir certains corps sous un état physique spécial qui leur donne des propriétés analogues aux substances constituantes de nos tissus, a ébauché tout dernièrement une nouvelle méthode thérapeutique.

Il serait aussi injuste de donner à ces nouveaux modes de traitement des maladies une importance qu'ils ne peuvent encore posséder à l'heure actuelle, que de méconnaître leur valeur. Il est indispensable, surtout en pareille matière, où l'expérimentation est des plus délicate, de se garder des enthousiasmes trop prompts comme des critiques trop sévères.

Les affections du poumon et en particulier les pneumococcies pulmonaires, qui comptent parmi les plus habituelles, relèvent donc directement de cette thérapeutique générale. Quand on songe à la fréquence avec laquelle l'appareil respiratoire présente des lésions et combien les septicémies pneumococciques avec ou sans localisation peuvent causer de morts, on est en droit de se demander s'il ne serait parfois possible, en combattant la bactériémie, d'éviter ces métastases.

« L'expérience clinique, dégagée de toute préoccupation théorique, avait démontré depuis un quart de siècle qu'il n'existe pas de remède de la pneumonie; d'ores et déjà, on peut ajouter que les recherches doivent se poursuivre dans l'ordre des médicaments qui atténuent l'action des parasites sur l'organisme tout en maintenant les forces individuelles de manière à leur permettre de lutter contre l'action envahissante et destructive du parasite. »

Cette profession de foi de Germain Sée demeure l'expression exacte de la vérité.

Thérapeutique colloïdale.

Depuis quelques années toutes les sciences biologiques sont entrées dans une phase nouvelle, grâce au progrès de la chimie. La découverte relativement récente de l'état colloïdal et surtout des propriétés particulières qu'acquièrent les corps sous cette forme physique, a déjà reçu en médecine journalière, des applications nombreuses. La science récente des colloïdes tend à jouer un rôle de plus en plus grand en biologie générale et nous avons vu comment la plupart des réactions humorales de l'organisme sont en réalité du domaine de la chimie physique. Les colloïdes et les lipoïdes entrent, en effet, en ligne de compte dans la formation même des anticorps.

Les métaux colloïdaux ont pris place définitivement parmi les agents les plus employés de la thérapeutique moderne.

L'éloge de l'argent colloïdal, le premier obtenu par voie chimique sous le nom de *collargol*, auquel on préfère actuellement l'électrargol obtenu par le procédé électrique, n'est certes plus à faire. Introduit par Crédé en thérapeutique, vulgarisé surtout par MM. Netter et Robin, il a déjà fait ses preuves dans un certain nombre de septicémies.

Il ne faut pas croire que toutes les septicémies en sont redevables, ni surtout que les nombreux microbes en circulation dans le sang et souvent déjà localisés dans divers organes qu'ils ont lésés, vont disparaître après l'introduction dans les veines d'une petite quantité de métal colloïdal. Mais leur développement peut s'arrêter, et il est certain que les observations deviennent de plus en plus nombreuses où il semble logique de mettre sur le compte de la thérapeutique colloïdale, les bons effets obtenus.

Déjà les vétérinaires avaient constaté des guérisons dans la morve tuberculeuse aiguë, après injections intraveineuses. C'est à M. Netter que revient le mérite d'avoir employé en France, en 1902, les métaux colloïdaux dans le traitement des maladies infectieuses.

Il n'est pas d'affections où les injections intraveineuses d'argent colloïdal furent plus employées que dans les septicémies pneumoniques et streptococciques. Les pneumonies les broncho-pneumonies, les septicémies puerpérales paraissent avoir été, dans des cas graves, heureusement influencées par l'emploi de cette thérapeutique (1).

(1) La science des colloïdes est de date récente et n'a commencé que le jour où l'on a recherché systématiquement à s'expliquer la nature intime de cet état. La vitesse de diffusion à travers une membrane de parchemin avait conduit à distinguer deux classes de corps : les cristalloïdes qui diffusent facilement et présentent des solutions fluides, et les colloïdes qui ne dialysent pas.

L'ultra-microscope a permis de reconnaître qu'une solution colloïdale est en réalité formée par une suspension d'une quantité considérable de particules ultra-microscopiques dans un liquide qui est habituellement l'eau distillée. Bredig le premier a obtenu une poudre ultra-microscopique par la pulvérisation électrique de lames métalliques qu'il plongeait dans l'eau et entre lesquelles il faisait jaillir l'arc voltaïque. Ces colloïdes sont constitués par des granules d'une finesse extrême, ce qui fait que la surface de contact entre eux et le liquide est considérable : 1 millimètre de platine colloïdal aura une surface de plus de 600 mètres carrés. C'est au grand développement des phénomènes qui se passent sur toutes les surfaces qu'est due l'action catalytique des colloïdes. Ceux-ci partagent en effet avec les diastases cette propriété. Une petite quantité de platine

Son mode d'action d'ailleurs s'explique aisément.

Les résultats obtenus par les premiers auteurs qui ont employé les métaux colloïdaux dans divers états septicémiques, devaient rapidement conduire à étudier leur pouvoir antiseptique, en les faisant agir sur les cultures microbiennes et en les inoculant aux animaux.

Il suffit d'additionner des tubes de cultures d'une solution colloïdale d'argent telle que le milieu renferme un quatre-vingt millième du métal, pour arrêter le développement du pneumocoque. De plus, ce microbe a des propriétés essentielles qui se modifient sous cette influence : c'est ainsi qu'il perd la propriété de prendre le Gram, comme l'ont bien montré MM. Charrin et Monier-Vinard. Nous avons, d'ailleurs, trouvé les mêmes résultats. Le streptocoque ne peut non plus se développer sur un bouillon additionné de quelques gouttes d'électrargol. Le bacille d'Eberth est arrêté dans son développement et s'agglutine. Presque tous les autres microbes ont une sensibilité intermédiaire entre celle du bacille d'Eberth et celle du colibacille.

Nous avons en outre remarqué qu'en ajoutant un métal colloïdal qui par lui-même ne possède aucune propriété hémolytique à une culture microbienne servant d'antigène au cours d'une réaction de fixation, celle-ci perdait, au moins en partie, ses propriétés. Il semble que la sensibilisatrice spécifique contenue dans le sérum d'un malade atteint de pneumonie ne soit plus capable de jouer entre les pneumocoques ainsi modifiés par le métal colloïdal, et le complément, son rôle d'intermédiaire et de fixateur.

colloïdal peut décomposer des doses infinies d'eau oxygénée. Si dans une solution colloïdale remplissant un tube en U on plonge deux électrodes analogues, on voit les granules se diriger vers un pôle c'est : le transport électrique. On a ainsi divisé les *colloïdes* en *positifs* et en *négatifs*. Certains d'entre eux sont très frêles, mais on peut les stabiliser en leur ajoutant un colloïde résistant et de même signe. Les sels minéraux ont aussi une grande influence pour précipiter les colloïdes.

Une quantité infinitésinale d'un poison comme l'iode suffit à arrêter l'action catalytique du platine colloïdal sur l'eau oxygénée.

Nous avons recherché si des animaux ayant reçu de fortes doses d'argent colloïdal ne seraient pas susceptibles de résister à l'action de différents microbes. Nous avons pour cela pris deux lots de souris : le premier, composé de quatre animaux, a reçu à vingt-quatre heures d'intervalle, pendant trois jours de suite, un centimètre cube d'argent colloïdal électrique à petits grains. Nous avons ensuite inoculé toutes les souris en expérience avec du pneumocoque. Dans le premier lot, deux seulement ont succombé ; dans le deuxième, les quatre sont mortes rapidement.

Sans qu'on puisse conclure, de ces faits trop peu nombreux, à la possibilité d'immunisation par ce procédé, d'autant que l'élimination doit être très rapide et le phénomène momentané, ces expériences nous paraissent concluantes quant à l'action des colloïdes introduits dans l'organisme.

Il nous a paru utile, pour la théorie que nous soutenons, de l'origine sanguine des pneumopathies, d'étudier ce passage de métaux colloïdaux, quelle que soit la voie d'absorption, dans les différents organes et en particulier dans le poumon.

Que l'on fasse des injections intraveineuses ou sous-cutanées, il est possible, au bout de quelques heures, de retrouver l'argent injecté dans le poumon, ce qui semble prouver que la voie sanguine est une des plus habituelles pour conduire dans cet organe les divers agents physiques, chimiques ou parasitaires introduits dans l'organisme.

On peut admettre, *a priori*, que les microbes n'ont aucune raison pour agir autrement que les particules ultra-microscopiques des colloïdes employés dans ces diverses expériences. On en retrouve des traces, non seulement dans le poumon, mais aussi dans les parois intestinales, le foie, la rate, le cœur, et surtout le rein. Il en existe aussi dans la bile, ce qui vient à l'appui de la théorie soutenue par MM. Lemierre et Abrami, que la voie descendante est une voie pour ainsi dire naturelle. On ne les trouve jamais dans le liquide céphalo-rachidien, ce qui s'explique par l'imperméabilité des méninges et fait comprendre la nécessité de les introduire directement dans la cavité rachidienne quand on veut agir sur une lésion cérébrale ou méningique.

L'étude des échanges nutritifs est des plus utile à connaître. M. le professeur ROBIN a montré que l'introduction sous la peau de quelque dix-millième de gramme d'un métal comme l'argent, le palladium, l'or, le platine, était capable de produire des effets chimiques considérables et similaires de ceux que l'on obtient avec les diastases extraites des levures.

Ces effets sont : une augmentation de l'urée qui peut s'élever de plus de 30 p. 100 ; une augmentation du coefficient d'utilisation azotée ; l'augmentation de l'acide urique, qui peut atteindre des chiffres considérables, jusqu'au triple de la quantité initiale ; une véritable décharge d'indoxyle urinaire ; une diminution dans la quantité totale d'oxygène consommée avec abaissement parallèle de l'acide carbonique, d'où élévation du quotient respiratoire ; une élévation temporaire de la tension sanguine.

On sait que dans la pneumonie, et surtout dans les étapes pneumococcémiques graves, le coefficient d'utilisation azotée tombe, et il y a de l'hypoazoturie. Or, cliniquement, les résultats de l'injection sous-cutanée ou mieux intraveineuse, de 5 à 10 centimètres cubes d'électrargol, sont très nets : il y a de l'augmentation de l'urée, de l'acide urique et une décharge d'indoxyle.

Les signes physiques des lésions de la pneumonie montrent que celle-ci continue son évolution, malgré la chute de la température, mais, il est néanmoins évident que la crise terminale est ainsi favorisée.

Nous avons étudié les réactions sanguines dans un très très grand nombre de cas d'affections pulmonaires traitées par cette méthode : presque toujours, nous avons constaté une forte polynucléose, et une tendance à l'éosinophilie qui, nous le savons, et sans qu'on puisse encore l'expliquer d'une façon précise, apparaît presque toujours pendant la convalescence des maladies infectieuses.

Voici d'ailleurs quelques chiffres plus démonstratifs que n'importe quelle affirmation. A la suite d'injection d'électrargol, dans un cas de septicémie staphylococcique, avec broncho-pneumonie, le nombre des globules blancs s'élève de 8000 à 22000 ; dans deux infections puerpérales avec accidents pulmonaires, de 10000 à 40000 ; dans un rhumatisme articulaire aigu avec congestion pulmonaire, de 8500 à 22000. Enfin, dans plusieurs cas de pneumococcémie à détermination pulmonaire et de pneumonie simple, nous avons vu les chiffres monter de 3000 à 6000 globules blancs après le traitement.

MM. Achard et Paul-Emile Weill ont fait une étude expérimentale de l'action de l'électrargol sur le sang et les organes hématopoiétiques chez l'animal sain ; elle confirme entièrement ces résultats ; ils ont observé une leucolyse marquée une heure après l'injection. De 5200, le nombre des globules blancs tombe à 3000. Au bout de quarante-huit heures, 10200 globules blancs, et après douze jours, 14400.

MM. Ribadeau-Dumas et Debré ont constaté dans le sang de certains malades une réaction myéloïde caractérisée par la présence de myélocytes et d'hématies nucléées. Nous n'avons d'ailleurs pas constaté ce phénomène, mais celui-ci est d'accord avec les faits expérimentés.

MM. Achard et Weill ont en effet constaté à l'autopsie d'animaux injectés avec de l'argent colloïdal, une réaction très nette de la moelle osseuse ; du côté de la rate la réaction fut aussi des plus nettes ainsi que du côté du thymus. C'est, en somme, le cycle réactionnel entre la moelle et la rate, si bien étudié par M. Dominici dans ses différents travaux, qui se révèle ici dans ses grandes lignes, avec l'antagonisme fonctionnel entre les tissus myéloïde et lymphatique.

Le point particulier qu'il faut mettre en lumière, c'est qu'au début, tandis que la moelle réagit par une prolifération myé-

loïde, la rate réagit avec autant d'intensité par une prolifération lymphatique.

Toutes ces réactions, purement fonctionnelles, ne s'accompagnent d'aucune lésion et permettent le retour des organes
au repos sans laisser subsister aucun désordre.

Nous avons étudié systématiquement la résistance globu-
laire chez nos malades traités par l'argent colloïdal: jamais
nous n'avons constaté de fragilité par le procédé de VAQUEZ
et RIBIERRE, ni avec le sang total, ni par le procédé des
hématies déplasmatisées. Nous n'avons jamais non plus,
il est vrai, constaté d'augmentation de cette résistance.

Une des actions les plus nettes produites par l'introduction dans la circulation générale des métaux colloïdaux,
c'est la modification de la courbe thermique. Dans toutes
les septicémies, voici habituellement ce que l'on constate :
dans un premier stade qui est de courte durée, la réaction
se traduit par une surélévation de température qui paraît en
rapport avec la dose injectée, puis dans un deuxième stade
assez rapide, il se produit une chute assez brusque et qui
parfois peut se maintenir.

La transformation d'une formule cytologique à prédominance de lymphocytes, en une formule de polynucléoses, est
la règle, quand il s'agit du liquide céphalo-rachidien. Ces
modifications sont moins nettes, lorsqu'on injecte les métaux
colloïdaux à l'intérieur de la cavité pleurale.

Nous avons vu que le pouvoir opsonique d'un sérum de
pneumonique, était généralement augmenté vis à-vis du
pneumocoque, et qu'un certain nombre d'individus
normaux sont susceptibles de posséder un pouvoir
opsonique considérable vis-à-vis du pneumocoque. Or il
semble, d'après les études de Bossan et Marcelet, que le pouvoir opsonique d'un sérum vis-à-vis de différents bacilles et
en particulier du pneumo-bacille de Friedlander et du bacille
d'Eberth, soit doublé à la suite d'injection d'électrargol. En
d'autres termes, il semble que l'introduction de colloïde dans

l'organisme y produise une surproduction d'opsonines qui figurent au nombre des anticorps développés dans tout organisme infecté.

Ces faits permettent de conclure que les métaux colloïdaux provoquent dans l'organisme de véritables phénomènes de défense. Nous avons, pour notre part, essayé ce mode de thérapeutique dans un grand nombre d'affections pulmonaires et en particulier au cours de l'épidémie de grippe que nous avons eu l'occasion d'observer dans le service de M. Caussade, à l'hôpital Tenon.

Il est évidemment difficile de conclure d'une façon absolue aux bons effets d'une thérapeutique en clinique journalière. Il est en tout cas certain que si l'introduction des métaux colloïdaux ne peut avoir aucune action sur la localisation d'une septicémie et sur les lésions organiques provoquées par cette localisation, elle fait au moins disparaître assez rapidement du sang les germes pathogènes qui s'y trouvent. C'est ainsi que les ensemencements de sang pratiqués chez des malades soumis à des injections intraveineuses d'électrargol, se sont dans presque tous les cas montrés négatifs, alors même qu'avant l'emploi du traitement ils s'étaient montrés nettement positifs.

Sérums et vaccins.

Les tentatives expérimentales faites de divers côtés à fin de vaccination et d'atténuation prophylactique et thérapeutique des affections pneumococciques n'ont malheureusement pas, jusqu'ici, donné tous les résultats qu'on était en droit d'attendre d'elles.

Les premiers essais du traitement de la pneumonie avec les injections de sérum provenant d'animaux immunisés ont été pratiqués par F. et G. Klemperer. De 5 à 10 centimètres cubes de sérum sanguin emprunté à des lapins rendus réfractaires ont déterminé chez six pneumoniques une chute notable de la température et purent hâter la crise chez quatre d'entre eux, tandis que chez deux autres tous les phénomènes généraux réapparaissaient au bout de quelques heures.

Foa et Carbone ont constaté une action analogue chez douze autres pneumoniques et souvent même (sept cas) l'affection fut arrêtée au troisième ou quatrième jour de son évolution.

Foa et Scabia ont également pratiqué des inoculations de sérum de lapins immunisés. Huit fois sur dix, ils ont produit la crise le soir ou le lendemain de la première injection.

Weissbecken a essayé l'action du sérum sanguin de convalescents de pneumonie ; il aurait obtenu des effets favorables portant aussi bien sur l'état général que sur la fièvre et sur le processus local. Deux tentatives nouvelles ont vu récemment le jour : en Italie, Pane immunisa des poneys et des ânes en leur inoculant des doses progressivement croissantes de cultures de pneumocoque. Après avoir essayé la puissance du sérum ainsi obtenu en le mélangeant en diverses proportions à une dose considérable de cultures virulentes et en l'injectant dans la cavité péritonéale d'un lapin, Pane a trouvé que cette méthode thérapeutique donnait des résultats satisfaisants. L'auteur, cependant, remarque que très rapidement l'animal ne fournit plus de sérum efficace malgré de nouvelles injections.

Ces faits nous paraissent en rapport avec les enseignements des réactions de fixation pratiquées dans le but de rechercher la persistance des anticorps après la guérison de la pneumonie.

Reyro et Wasbourn ont essayé de fabriquer un sérum antipneumococcique plus actif. Après s'être assurés de la virulence fixe des agents pathogènes employés par passages répétés sur des lapins, ils ont injecté non plus le sérum avec la culture, mais ils ont fait pénétrer le sérum dans la circulation et aussitôt après la culture dans la cavité péritonéale.

Les résultats qu'ils ont obtenus ne sont cependant pas des plus concluants.

Actuellement, PANE cherche un nouveau sérum par immunisation du bœuf.

ROMER a découvert un sérum polyvalent qu'il a appliqué d'abord au traitement de certaines ulcérations cornéennes, puis, avec des résultats divers, au traitement de la pneumonie; tandis que TABAR et KNAUTH signalaient des cas favorables, MIÉSOWICZ et MAY restaient incertains sur son rôle.

Déjà, en 1901, M. TALAMON avait insisté sur le bon effet du sérum antidiphtérique dans le traitement de la pneumonie.

De même qu'il existe des coagglutinations et des cofixations, il se produit dans les sérums curateurs des substances antitoxiques bactéricides et opsonisantes dont l'effet peut s'étendre à des germes pathogènes de nature différente.

Nous avons vu l'action probable des toxines microbiennes élaborées dans les cavités naturelles et presque aussitôt absorbées sur le système nerveux et combien leur rôle tend à prendre de plus en plus une importance plus grande dans la genèse des divers accidents présentés.

On connaît actuellement les réactions de l'organisme vis-à-vis des toxines et une méthode nouvelle de séro-diagnostic a été instituée par la pratique devenue courante des sous-cuti et intradermo-réactions.

On peut expérimentalement immuniser des animaux en leur inoculant des extraits organiques de lapin préalablement garantis contre l'action du pneumocoque.

Il semble que les antitoxines se forment d'abord dans la moelle osseuse et viennent se déposer ensuite dans les organes lymphoïdes (thymus, rate, ganglions lymphatiques). Certains auteurs ont attiré l'attention sur ce fait que la leucocytose de la pneumonie s'exerce principalement aux dépens des leucocytes polynucléaires de la moelle osseuse.

On pouvait donc penser que ces leucocytes étaient chargés de porter dans l'économie les antitoxines ainsi élaborées.

Si les expériences conduites dans cette direction ont donné

un résultat négatif, il serait intéressant, néanmoins, de les poursuivre.

Ainsi donc, les propriétés des colloïdes, des sérums et des substances antitoxiques reconnaissent une origine à peu près analogue et peuvent jouer un rôle important dans la défense de l'organisme.

S'il est matériellement impossible que leur action puisse s'exercer sur des lésions organiques constituées lorsque l'étape septicémique est déjà passée, et lorsque les microbes en circulation sont venus coloniser dans le poumon, au moins est-il certain qu'ils peuvent favoriser la destruction des bacilles ou tout au moins diminuer la durée de leur passage dans le sang.

Il est évident que l'on pourra trouver d'autres substances capables de jouer un rôle identique. M. NETTER a vanté les effets du chlorure de calcium qu'il a coutume de donner à tous les pneumoniques dont le cœur paraît faible, et l'on sait que chez ces malades, suivant l'expression de PETER, si la lésion est au poumon, le danger reste au cœur.

Le chlorure de calcium serait en effet susceptible de neutraliser le poison de la pneumonie, comme le fait l'anti-pneumotoxine présente dans le sang des convalescents ou des immunisés.

Nous avons vu que la composition des toxines se rapproche des albumoses et des peptones, que ce sont là probablement des substances à l'état colloïdal, et nous avons montré que certains électrolytes, au premier rang desquels il convient de citer le chlorure de calcium, aisément produisent avec les colloïdes des phénomènes de précipitation.

D'autre part, les expériences de PEKELHARING semblent prouver que l'injection intraveineuse de ce sel prévient les conséquences des injections de peptone et même les arrête. De plus, on admet que l'adjonction des sels de calcium est nécessaire dans les cas d'accumulation des sels de sodium : au même titre que la soustraction de ces derniers, l'adjonction des premiers rétablit un équilibre nécessaire entre les ions métalliques, équilibre rompu dans toutes les septicémies.

Les heureux résultats signalés par quelques auteurs à la suite de l'emploi de la balnéation froide ou de la production des abcès de fixation, ou de la digitale — substance antitoxique — dans les pneumonies graves, doivent d'autant moins nous étonner que nous voyons ces méthodes thérapeutiques réussir dans un grand nombre d'affections générales,

On peut conclure de tous ces faits que si la médication symptomatique doit conserver tous ses droits, il existe une thérapeutique d'avenir plus en rapport avec les découvertes modernes et les nouvelles doctrines pathogéniques.

CONCLUSIONS

I. — Les pneumonies et broncho-pneumonies, pour la plupart sont fonction de bacillémie.

II. — L'*étude clinique des pneumopathies* plaide déjà en faveur de cette notion.

La pneumonie franche aiguë, par exemple, récemment encore considérée comme le type des phlegmasies pulmonaires locales peut être souvent reconnue comme manifestement secondaire à une septicémie.

Tantôt les symptômes traduisant l'état septicémique prépneumonique occupent le premier plan, tantôt ils sont atténués au point d'échapper à un examen superficiel. Il s'agit de septicémie latente dont la notion actuellement s'impose.

III. — Les pneumopathies s'observent au cours des infections sanguines (fièvre typhoïde, grippe, streptococcie, méningococcie, peste, morve, maladies parasitaires, etc.) et cette fréquence même explique leur origine hématogène.

Aucun autre déterminisme ne saurait en toute logique être invoqué pour la syphilis pulmonaire héréditaire et pour la pneumonie du fœtus.

IV. — L'*anatomie pathologique* vient à l'appui de la clinique en montrant les relations des lésions pulmonaires avec les altérations vasculaires et en permettant de saisir le passage des agents infectieux dans les vaisseaux.

D'autre part, la théorie ancienne de l'origine aérienne des pneumopathies s'accorde mal avec l'intégrité des voies respiratoires et l'atteinte massive des alvéoles.

V. — L'*expérimentation* sur les animaux fournit un argument puissant en faveur de la théorie de l'origine hématogène des pneumopathies, car on peut reproduire certaines d'entre elles, par inoculation intraveineuse et retrouver les agents microbiens dans les vaisseaux pulmonaires au sein des lésions.

. VI. — L'application des nouvelles méthodes de laboratoire (hémoculture, réactions humorales, etc.) à l'étude des pneumonies permet d'établir : 1° qu'il existe des états septicémiques latents ;

2° Qu'au cours des affections pulmonaires en apparence locale, les réactions humorales sont modifiées comme dans la plupart des infections générales.

VII. — Dans les déterminations sur les poumons des septicémies, un rôle important semble devoir être attribué aux toxines et à leur action sur le système nerveux.

VIII. — La notion de l'origine hématogène des pneumonies et broncho-pneumonies a une double importance au point de vue pronostic et traitement.

La thérapeutique, en effet, dispose contre les septicémies de nouvelles armes (sérums, vaccins, colloïdes, ferments, etc.). Leur intervention peut être d'autant plus efficace qu'elle est plus précoce.

La nécessité s'impose donc d'assurer promptement par les procédés de laboratoire le diagnostic de bactériémie et de lutter, avant tout, contre elle dans un but prophylactique et curatif.

BIBLIOGRAPHIE

ACHARD. — Pneumonies récidivantes (*Soc. méd. des hôp.*, 30 juin 1905).

ALDRICH (Ch.-J.). — Sur une pneumonie compliquée de névrite du nerf phrénique et du plexus brachial (*Semaine médicale*, 1898, p. 479, et *Med. Nervo* du 5 novembre 1898).

ALLARY. — Pneumonie latente (*Thèse* de Montpellier, 1880).

ANTONY. — A propos de la grippe (*Soc. méd. des hôp.*, 10 mars 1905).

ANTONY. — Pneumonie et bronchite fétide à la suite d'une tentative de submersion (*Soc. méd. des hôp.*, 4 mai 1906).

ANTONUCCI. — Di un nuzio anormale della pulmonie cruppale (*Gazetta de gli ospedali*, 1904, n° 43).

ARKHAROW. — Recherches sur la guérison de l'infection pneumonique chez les lapins au moyen du sérum des lapins vaccinés (*Arch. de méd. exp. et d'Anat. path.*, IV, 1892, p. 498, n° 4).

ARLOING (S.) et V. BALL. — Contribution à l'anatomie pathologique de la peste bovine (*Arch. de méd. exp.*, novembre 1908).

ARLOING (de Lyon). — Infection tuberculeuse du chien par les voies digestives (*Soc. de biol.*, 4 avril 1908).

AULD (A.-G.). — Toxines pneumoniques (*Soc. pathol.* de Londres, *Lancet*, 20 janvier 1900, p. 666).

BABÈS (de Bucarest). — OEdème pulmonaire à pneumocoque (*Soc. de biol.*, 12 mars 1910).

BABONNEIX et G. PAISSEAU. — Hémorragie surrénale et abcès du foie dans une broncho-pneumonie à pneumocoques (*Soc. de péd.*, 15 juin 1909),

BACIOCCHI. — Di un caso di setticemia acuta dovuta al pnemococco del Franckel (*Sperimentale Comm. e Riv.*, Firenze, 1893).

BAINES. — Pneumonie à streptocoque (*Southport medical Society : Lancet.* 1900, p. 1136).

BAIR (James). — Emploi du chlorure de calcium (*Soc. de biol.*, 20 avril 1907).

BARTH. — Contribution au traitement de la pneumonie grave (*Soc. méd. des hôp.*, 27 juin 1890).

BASSET et CARRÉ. — Conditions dans lesquelles la muquéuse digestive es perméable aux microbes de l'intestin (*Soc. de biol.*, 18 mai 1909).

BATZAROFF. — Pneumonie expérimentale (*Ann. Inst. Pasteur*, mai 1899).

BAUCELL (Lyon). — Poumon typhique (*Thèse* de Lyon, 1903).

BAUMGARTEN. — Lehrbuch des pathologischen Mykologie (Die Septikamie kokken, p. 365).

BEAU. — Études cliniques sur la maladie des vieillards (*Journ. de méd.*, 1843).

14

Beauvy et Clurie. — Recherche d'un anticorps placentaire dans le sang maternel et dans le sang fœtal (*Soc. de biol.*, 1907, t. II, p. 413).

Béco. — Fréquence des septicémies secondaires au cours des infections secondaires (*Rev. de méd.*, 1899. Obs. XLV, p. 474).

Béco. — Recherches sur la fréquence de la septicémie pneumococcique et de la valeur du traitement par le sérum antistreptococcique de Romer dans la pneumonie franche aiguë (*Acad. de méd.*, d'Anvers, 29 mai 1909).

Belfanti. — Della immunizione del coniglio per mezzo dei filtrati di sputo pnemonico (*Riforma medica*, 1892, no 126).

Benham (F.-Lucas). — Angine et pneumonies à pneumocoques (*Lancet*, 4 juillet 1896, p. 68).

Bennecke. — Symptômes appendiculaires au cours de la pneumonie lobaire (*Méd. Klinick*, 1909, no 7).

Bernheim et Pansot. — De la pneumonie abortive chez le vieillard (*Rev. méd. de l'Est*, mars 1899).

Berlioz. — Pneumobacille de la broncho-pneumonie et de la pleurésie hémorragique (*Acad. de méd.*, 20 mars 1894).

Bernard. — Qu'est-ce que la grippe? (*Soc. méd. des hôp.*, 10 mars 1905).

Bero (E.-J.) — Quelques types de pneumonie associés aux phlegmasies des végétations adénoïdes (*New-York Medical Journ.*, 26 septembre, 1908).

Bergeron (A.). — Étude critique sur la présence du bacille de Koch dans le sang (*Thèse* de Paris, 1904).

Bertrand. — Immunisme antipneumococcique (*Presse méd.*, 25 mars 1900, p. 220).

Bertrand (L.-E.). — Des anomalies du type fébrile dans la pneumonie fibrineuse (*Rev. de méd.*, 1899).

Bezançon et I. de Jong. — A propos de la grippe (*Soc. méd. des hôp.*, 10 mars 1905).

Bezançon. — Intervention du pneumocoque dans les angines aiguës décelée par la séro-réaction agglutinante (*Semaine médicale*, p. 372, 1900).

Bezançon et de Serbonnes. — Réactions de fixation dans la tuberculose (*Soc. de biol.*, novembre 1909).

Bezançon et Griffon. — Étude de la réaction agglutinante du sérum dans les infections expérimentales et humaines à pneumocoques (*Ann. Inst. Pasteur*, juillet 1900).

Bezançon et Griffon. — Présence constante du pneumocoque à la surface de l'amygdale (*Soc. méd. des hôp.*, 15 avril 1898).

Bezançon et Griffon. — Arthrites expérimentales à pneumocoques par infection générale et sans traumatisme articulaire (*Soc. de biol.*, 29 juillet 1899).

Bibergeil. — Complications pulmonaires après les opérations abdominales (*Arch. f. Klin. Chir.*, LXXVIII).

Bloch. — Pneumonie par contusion du thorax (*Munchen |med. Wochenschrift*, p. 967).

Bochenski (M.) et Groebel. — Ein Fall von intrauterin erworbener Zingenentzundung (*Centralblatt fur inn. Med.*, 1906, n° 22, p. 362).

Boidin. — Abcès costal à pneumocoques guéri par vomique (*Soc. méd. des hôp.*, 26 mai 1905).

Bonnette. — Pneumonie sèche (*Gaz. des hôp.*, 1905, p. 1591).

Bottomley. — Pneumonie lobaire consécutive à la rougeole (*British med. Journ.*, 4 février 1905).

Boulay. — Pneumonie lobaire (*Thèse* de Paris, 1892).

Boulay. — Affection à pneumocoques indépendantes de la pneumonie franche (*Thèse* de Paris, 1901).

Boulloche. — Des paralysies pneumoniques (*Thèse* de Paris, 1892).

Bressel. — Pneumonie gonococcique (*Munchen med. Woch.*, 31 mars 1903, et *Semaine médicale*, 8 juillet 1903, p. 227).

Brissaud (Ed.), Pinard et Reclus. — Pratique médico-chirurgicale : Broncho-pneumonies.

Brodie, Rogers et Hamilton. — Contribution à l'étude de l'infection pneumococcique (*Lancet*, 22 octobre 1898, p. 1045).

Bruckner (J.) et C. Cristeanu. — Septicémie expérimentale par le gonocoque (*Soc. de biol.*, 1906, p. 942).

Bruckner (J.) et C. Cristeanu (de Bucharest). — Septicémie expérimentale par le méningocoque de Weichselbaum.

Brun (De). — Prof. à l'École de médecine de Beyrouth. — Pneumopaludisme du sommet (*Presse méd.*, 24 avril 1907).

Budré, Haaland et Yomewitch. — Pasteurellose des animaux de laboratoire (*Soc. de biol.*, 18 mars 1905, p. 487 ; 1906, p. 62).

Berschirschfeld. — Pneumonie et muguet.

Cabot. — Leukocytosis as an element in the prognosis of pneumonia (*Boston med. and Surg.*, 1893, XXIX p. 117).

Calmette (A.) et Guérin. — Détermination de l'origine bovine ou humaine des bacilles de Koch, isolés des lésions tuberculeuses de l'homme (*Acad. des sc.*, t. CXLIX, 19 juillet 1909, p. 191).

Calmette (A.) et C. Guérin. — Origine intestinale de la tuberculose (*Ann. Inst. Pasteur*, 1905 et 1906).

Calmette et Guérin. — Évacuation des bacilles tuberculeux par la bile dans l'intestin chez les animaux porteurs de lésions occultes ou latentes (*C. R. Ac. des sciences*, t. CXLVIII, p. 601, 8 mars 1909).

Calmette (A.) et Salimbeni. — Peste bubonique (*Ann. Inst. Pasteur*, 1899, p. 365).

Calmette (de Lille). — Ankylostomiase (*Acad. de méd.*, séance du 21 mars 1905).

Calmette (A.). — Anthracose pulmonaire d'origine intestinale (*Soc. de biol.*, 12 janvier 1909).

Calmette, Vansteenberghie et Grysez. — Sur l'origine intestinale de la pneumonie et d'autres infections phlegmasiques du poumon chez l'homme et chez les animaux (*Presse méd.*, 26 novembre et 3 décembre 1906. *Semaine médicale*, 1906, 598).

Carini. — Contribution à la pathogénie de la broncho-pneumonie consécutive aux opérations du goitre (*Gaz. degli ospedali*, 12 juillet 1903, p. 873).

Carnot. — Reproductions expérimentales de la pneumonie franche aiguë au moyen de la toxine pneumococcique (*Soc. de biol.*, 1899, 25 novembre).

Carnot (Paul). — Topographie segmentaire de la pneumonie franche (*Presse méd.*, 1902).

Canon. — *Mittheilhungen aus den Grenzgebieten der Medizin und der Chirurgie* 1902, p. 411 et *Deutsche Zeit. fur Chirurgie*, 1893.

Castaigne et Dehe. — Méningite à pneumocoques sans réaction leucocytaire du liquide céphalo-rachidien (*Soc. méd. des hôp.*, 20 novembre 1908).

Castey (Marians). — Recherches cliniques sur la présence d'anticorps spécifiques dans le sérum des malades atteints de streptococcies diverses (*Presse méd.*, n° 39, 8 mai 1909).

Castellani (Colombo). — Spirochétose bronchiale (*Brit. med. Journ.*, 18 septembre 1909).

Caussade et Laubry. — Congestion pulmonaire à forme spléno-pulmonique remarquable par sa durée et la persistance du pneumocoque (*Soc. méd. des hôp.*, 10 mars 1899).

Cavazzani. — Étiologie de la pneumonie palustre. XI° Congrès de la Soc. ital. de méd. interne, octobre 1901 (*Semaine médicale*, 1901, p. 375).

Cavasse. — Pneumonie interstitielle du sommet du poumon chez le vieillard (*Thèse*, de Paris. 1868).

Cavasse. — A propos de la microbiologie de la coqueluche (*Soc. de biol.*, 2 février, p. 195).

Casati. — Sur la présence du diplocoque lancéolé et capsulé dans le sang des pneumococciques (*Sperim. Men. org.*, Firenze, 1893, p. 206-217).

Catrin. — Mortalité et traitement de la pneumonie (*Gaz. des hôp.*, 10 octobre 1895, n° 118).

Cabe (Edward-J.). — Pneumonic arthritis (*Lancet*, 12 janvier 1901).

Caylus. — Pneumonie des vieillards (*Thèse* de Paris, 1874).

Cazal. — Fièvre typhoïde sans dothiénentérie. Pneumonie double (*Soc. méd. des hôp.*, 7 avril 1893).

Ceutanni (de Ferrare). — Congrès international de médecine de 1900. Fixation du sérum antipneumococcique dans les tissus.

Chantemesse. — Aphasie pneumonique (*Soc. méd. des hôp.*, 22 décembre 1893).

Charcot. — Leçons cliniques sur les maladies des vieillards, 1866.

Charly et Sajous. — Sécrétions internes et pneumonie (*Monthly Encyclop. of pratical. med.*, 21 novembre 1904, p. 387-390).

CHARLTON. — Pneumonies des vieillards (*Thèse* de Paris, 1845).

CHARRIN et DUCAMP. — Suppuration pulmonaire. Tuberculose et abcès pulmonaires à streptocoques. Deux infections secondaires. Complication de l'infection pulmonaire (*Rev. de méd.*, 1893, p. 214).

CHAUFFARD (A.). — Phlegmon laryngé rétro-thyroïdien. Œdème de la glotte. (*Bulletins et Mémoires de la Société anatomique*, juin 1881, p. 430).

CHAUFFARD et RATHERY. — Hémorragie intestinale d'origine pneumococcique (*Soc. méd. des hôp.*, 19 juillet 1901).

CHAUSSE (P.). — Expériences d'ingestion de matières tuberculeuses bovines chez le chat. (*C. R. Soc. de biol.*, t. LXVI, 1905 ; *Rev. de méd. vétér.*, 15 juillet 1909, p. 426-432).

CHINE. — Broncho-pneumonie diffuse et septicémie à pneumo-bacille de Friedlander, guéries par les injections intraveineuses d'argent colloïdal électrique (*Soc. obstétrique de Paris*, décembre 1906).

CHVOSTEK et EGGER. — Zur Frage des Verwerthbackterie bakteriologischen, etc. (*Wien. klin. Wochen*, juillet 1896).

CIRELLI. — Néphrite et pneumonie érésypélateuse (*Morgagni*, déc. 1902).

CLOZIER. — Streptococcie pulmonaire, *Acad. de méd.*, 16 août 1889 (*Semaine médicale*, 1898, p. 352).

COHEN. — Pneumonia. Value of persistance in treatment (*New-York. Med. Journ.*, 1904).

COHEN. — Méningite cérébro-spinale septicémique (*Ann. Inst. Pasteur*, t. XXIII, fasc. 4, 1909, 273-313).

COLE (R.-T.). — Cultures du sang dans la pneumonie franche aiguë (*Bull. of the John Hopkins Hosp.*, juin 1902, p. 137).

COLIN. — Endocardite et méningite à pneumocoques consécutive à l'avortement (*Munchen med. Wochen.*, 1899, n° 47, p. 1558).

COMBE (Émile). — De la nature inflammatoire des infarctus du poumon (*Thèse* de Lyon, 1907).

COMBY. — Pneumonie grippale (*Soc. méd. des hôp.*, 19 mai 1895).

COURMONT (J.). — Précis de bactériologie (Collect. Testut, 1909).

COURSAULT. — Déterminations pulmonaire et rénale concomitantes de l'infection pneumococcique chez l'enfant (*Thèse* de Paris, 1902).

COURSEL. — Of the use of chloride of calcium in the treatment of pneumonia (*The Practitioner*, 1893 ; *Soc. de méd.* de Calcutta).

CROMBIE. — Of the use of chloride calcium in the treatment of pneumonia (*The Practitioner*, 1893. *Soc. de méd.* de Calcutta).

CROUZAT. — Mort rapide après l'accouchement par suite d'une méningite infectieuse à pneumocoques (*Semaine médicale*, 1897, p. 148).

CURSCHMANN. — Influenza à pneumocoques (*Munch. med. Wochen.*, n° 8, 23 février 1909, p. 377).

CALMETTE, VAN HEENBERGHE et GUYEZ. — *Arch. Soc. de biol.*, 3 août 1906).

CALMETTE et GUÉRIN. — Évacuation des bacilles tuberculeux dans l'intestin chez les animaux porteurs de lésions occultes ou latentes (*Acad. des sc.*, CXLVIII, p. 608, 8 mars 1909).

Davis. — The increased prevalence and mortality of pneumonia during the last sixty years (*Intern. Clin.*, Philadelphia, 1904).

Darby (J.-I.). — A case of pneumonia followed by abortion and septicemia (*Alabama Med. and. Surg.*, 433-439).

Day (G.-E.). — A practical treatise on the domestic management and most important diseases of advanced life. London, 1849.

Delestre. — *Bulletin et Mémoires Soc. de biol.*, 5 février 1898, p. 150.

Delestre. — Infection intra-utérine par le pneumocoque de Franckel et pneumococcie généralisée (*Semaine médicale*, 1898, p. 161).

Dennig (A.). — Ueber septische Erkrankungen und besendren Berucksichtigung der kryptogenetischen Septikopëmie 1891, Beitrage zur Lehre von dem septischen Erkrankung (*Deutsches Arch. fur Klin. Med.*, 1895, Bd. LIV).

Denys. — Sérothérapie de l'infection strepto-pneumococcique chez le lapin (*Acad. roy. de Belgique*, 24 avril 1897).

Denys. — Sciothérapie de l'infection streptococcique chez le lapin (*Semaine médicale*, 1897, p. 211).

Dermont. — De la pneumonie des vieillards (*Thèse de Montpellier*, 1884).

Descos (André). — Angine à pneumo-bacilles de Friedlander (*Presse méd.*, 5 mars 1902, p. 220).

esgranges. — Contribution à l'étude de la pneumonie des vieillards, 1896-1897).

Desguin. — Pneumococcose gastro-intestinale épidémique (*Bull. Acad. roy. de Belgique*, 27 juillet 1907. — Septicémie gonococcique, 1908.

Desguin. — Septicémie à pneumocoques, Bruxelles 1908. — Fièvre typhoïde et pneumococcie. Diagnostic différentiel rapide et pratique (*Acad. roy. de Belgique*, n° 2 et 3, 1909).

Desoubry et Porcher. — De la présence des microbes dans le chyle normal du chien (*Soc. de biol.*, 9 février 1895).

Déve. — Deux cas rares d'œdème de la glotte chez le vieillard, 1er juin 1908, p. 306).

Dieulafoy. — La pleurésie appendiculaire. Leçons cliniques, 1900 (*Presse méd.*, 18 avril 1900).

Dieulafoy. — Gastrite ulcéreuse pneumococcique. Leçon clinique, (*Presse méd.*, 11 novembre 1899).

Douglas Crée. — Sels de calcium et traitement de certaines formes de pneumonie.

Dopter. — Anchylostomiase.

Drury. — Pemphigus and Erythema (*Royal Academy of med. in Irland. The Lancet*, 5 mai 1900.)

Duclaux. — Appendicite à début insidieux et anormal à gauche. Péritonite aiguë. Pneumonie gauche (*Arch. gén. de méd.*, 23 juin 1903, p. 1549).

Duflocq. — Recherches du pneumocoque dans le sang, pendant le cours de la pneumonie (*Soc. méd. des hôp.*, 26 mars 1897).

Duflocq et Le Damany. — De l'infection pneumococcique généralisée dans la pneumonie (*Soc. méd. des hôp.*, 12 mars 1897),

Duflocq et Lejoune. — Infection pneumococcique au cours d'une pneumonie (*Soc. méd. des hôp.*, 18 mars 1898).

Duflocq et Ménétrier. — Déterminations pneumococciques pulmonaires sans pneumonie. Bronchite capillaire à pneumocoques chez les phtisiques (*Arch. gén. de méd.*, 1890, I-658, II-47).

Dufour. — Gangrène symétrique des extrémités dans un cas de pneumococcie (*Soc. méd. des hôp.*, 18 octobre 1901).

Durand-Fardel. — Traité des maladies des vieillards, 1873.

Durck. — Pneumonia beim Kinder und Erwaschsenen (*Deutsche Arch. fur Klin. Med.*, 1er juin 1897).

Eichorst. — Pneumocoques dans le sang (*Deutsche Arch. fur klin. med.*, 1901, t. LXX).

Escherich. — Les voies d'infection de la tuberculose, surtout dans 'enfance (*Wien. Klin. Wochenschrift*, 15 avril 1900).

Eschistovich (M.) et Jurievitch (V.). — Opsonines et antiphagines dans l'infection pneumococcique (*Rouskii Vratch*, n° 20, 17 mai 1908, p. 669 ; *Presse médicale*, 19 août 1908).

Étienne (G.). — Les pyosepticémies médicales (*Thèse*, 1893).

Étienne (G.) et M. Perrin. — Leucocytose et équilibre leucocytaire dans la broncho-pneumonie des vieillards (*Arch. génér. de méd.*, p. 321, juin 1909).

Étienne et Perrin. — Leucocytose et équilibre leucocytaire dans la pneumonie, janvier 1909.

— Les leucocytes chez les vieillards bien portants (*Soc. de biol.*, 1908),

Ewing. — A study of the lobar pneumonia (*New-York, Med. Journ.*, 1893),

Eyre (J.-W.) et Washblurn (J.-N.) — Sérum antipneumococcique (*Soc. pathol. de Londres et Lancet*, 8 avril et 11 novembre 1899, p. 129).

Faure (A.). — Quelques considérations sur la pneumonie et broncho-pneumonie traumatique (*Thèse* de Paris, 1904).

Fauvel. — Pneumonie des vieillards (*Union méd.*, 1847, p. 161).

Fernet. — Infection pneumococcique à manifestations articulaires et méningées (*Soc. méd. des hôp.*, 24 janvier 1896).

Fernet et Lacapere. — Communication sur l'ostéo-arthrite pneumococcique (*Soc. méd. des hôp.*, 18 mai 1900),

Figenschau. — De la leucocytose dans la pneumonie aiguë. Norsk-Mag for Laegevidenskaben. Mars 1902 (*Semaine médicale*, 18 juin 1902),

Floyd. — Deux cas extraordinaires de pneumonie grippale (*Medical record*, 27 mars 1909).

Foa. — Sur la biologie du diplocoque encapsulé (*C. R. du X° Congrès international de médecine à Berlin*, 4 août 1890).

Foa et Boriome. — Delle intosicaccioni preventive (*Archivio Italiano di clinica medica*).

Foa et Carbone. — Sulla immunita verso il diplococco pneumonico (*Stà medica di Torino*, 1891, fasc. 1).

Foa et Carbone. — Étiologie de la pneumonie (*Gaz. med. di Torino*, ann. XLII).

Foa et Scabra. — Toxines pneumococciques (*Gaz. med. di Torino*, 1892-1893-1894-1896).

Follet et Sacquépée. — Sur les septicémies en général et sur les septicémies méningococciques en particulier (*Presse méd.*, 26 janvier 1906, n° 6, p. 41).

Foulerton (Alexander G.-R.). — Infection pneumococcique (*Lancet*, p. 1472, 1901).

Foy (Wilson). — Maladies des poumons, 1891, p. 314.

Franckel. — Pneumonie par contusion (*Soc. méd. de Berlin*, 4 mars 1907. *Semaine médicale*, 1907, p. 132).

— Image ophtalmoscopique dans la pneumonie (*Presse méd.*, 1899, p. 347).

— Les pneumonies dans la fièvre typhoïde (*Presse méd.*, 1899, p. 88).

Frænkel. — Pneumonie expérimentale (*Deutsche Med. Woch.*, 1882, n° 4 ; *Rev. de méd.*, t. XX, p. 413).

Frænkel. — Image ophtalmoscopique dans la pneumonie (*Presse méd.*, 1899, p. 347).

Frænkel. — Les pneumonies dans la fièvre typhoïde (*Presse méd.*, 1899, p. 88).

Furbringer. — Discussion sur la pneumonie par contusion (*Soc. méd. int. de Berlin*, 4 mars 1905 ; *Semaine médicale*, 1907, p. 131).

Gabbi. — Sulle arthrite sperimentale da virus pneumonico sperimentale maggio etguigno, 1889, p. 489 et 577.

Gaehlgeus (Walter) (Strasbourg). — Recherches sur les opsonines chez les porteurs de bacilles d'Eberth (*Deutsche med. Wochenschrift*, 1909, t. XXIV, n° 31, 5 août, p. 1337).

Galliard. — L'artérite pneumonique (*Semaine médicale*, 1896, p. 341).

— Arthrite à pneumocoque pendant la pneumonie chez un cardiaque (*Soc. méd. des hôp.*, 14 mars 1902).

Gamaleia. — Étiologie de la pneumonie fibrineuse (*Ann. Inst. Pasteur*, 1888, p. 440).

Garnier (M.) et Simon (L.-G.). — Passage dans le sang des microbes intestinaux (*Soc. de biol.*, 1er juin 1909).

Genta. — Altérations anatomiques dans l'infection pneumonique des enfants (*Revista veneta di scienze med.*), fasc. VI, 15 juin 1904.

Geoffroy. — Accidents cérébraux de la pneumonie au début chez les vieillards (*Thèse* de Montpellier, 1880).

Gilbert. — Lymphangite pneumococcique (*Soc. de biol.*, 30 janvier 1897, n° 109).

Gilbert et Caussade. — Néphrite pneumonique.

Gillet (H.). — Particularités et formes de la pneumonie fibrineuse chez l'enfant (Revue générale, *Gaz. des hôp.*, 27 mai 1903).

Girodeau. — Du zona dans la convalescence de la pneumonie (*Semaine médicale*, 1897, p. 109).

Goodale (M.-I.) (de Boston). — Absorption de toxines au niveau des amygdales (*XIIe Congrès intern.* de Moscou, 1897).

Gotschlich (E.). — Persistance des bacilles pesteux dans les crachats après la guérison de la pneumonie pesteuse (*Zeit. fur Hygiene und Infectionskranksheiten*, 1899, vol. 32, p. 462).

Gougerot. — Typho-bacillose de Landouzy. Diagnostic bactériologique à la période d'état (*Presse méd.*, août 1903).

— Reproduction expérimentale de la typho-bacillose (*Rev. de méd.*, juillet 1908).

— Lésions du poumon et des bronches dans la sporotrychose expérimentale (*Soc. méd. des hôp.*, août 1908).

Gouraud. — Courbes d'élimination des phosphates dans la pneumonie et la fièvre typhoïde (*Soc. de biol.*, 22 mars 1902).

Grandmaison. — Poumon cardiaque (*Gaz. des hôp.*, 1896, n° 32).

Grasset. — Pneumococcie méningée (*Semaine médicale*, 1894, p. 105-108)

Gray. — Emploi de capsules surrénales contre la pneumonie (*Semaine médicale*, 23 avril 1902).

Grey. — A note on senil pneumonia (*Lancet*, 1876).

Griffon. — Présence constante du pneumocoque à la surface de l'amygdale (*Semaine médicale*, 1898, p. 180).

Guillon. — Pneumonie et grippe (*Thèse* de Bordeaux, 1903).

Halbron. — Tuberculose et infections associées (*Thèse*, 1907).

Halle (J.) et Rendu. — Recherches sur un cas d'infection blennorragique généralisée (*Soc. méd. des hôp.*, 18 novembre 1897).

Hallopeau. — Recherches de pneumonie avec poussée d'herpès au niveau d'un zona antécédent de la cuisse. (*Soc. méd. des hôp.*, 15 février 1901).

Hamann. — *Arch. fur Dermatologie und Syphilis*, 1897, vol. 39, p. 323).

Haedke. — Épidémie de broncho-pneumonies infectieuses (*Deutsche med. Wochenschrift*. 1898, n° 14, p. 220).

Handford (B.-D.). — The varieties of acute pneumonia (*Lancet*, 1902, p. 170).

Hanot. — Action de la compression du pneumogastrique sur le développement de la pneumonie (*Gaz des hôp.*, 1894).

Hauland Bridre et Yourweitch. — Pasteurellose des animaux de laboratoires (*Soc. de biol.*, 18 mars 1905).

Hebert. — L'angine à bacilles de Friedlander (*Semaine médicale*, 1896, p. 458).

Henle. — Pneumonie consécutive aux interventions de l'abdomen. XXXe Congrès de la Soc. all. de chirurgie, 10 avril 1903 (*Semaine médicale*, 1901, p. 133).

Hénoch. — Traité des maladies de l'enfance, p. 98.

Hirtz. — Traitement de certaines maladies infectieuses et plus spécialement de la broncho-pneumonie par l'électrargol (*Soc. de thérap.* de Paris, 15 mars 1908).

— Otite moyenne pneumococcique prise au contact d'un pneumonique (*Soc. méd. des hôp.*, 26 octobre 1900).

Hossack (M.-C.). — Une forme anormale de pneumonie pesteuse (*British. Med. Journ.*, 1900, n° 2044, p. 313).

Hourmann et Dechambre. — Recherches cliniques pour servir à l'histoire des maladies du vieillard (*Arch. de méd.*, 1836).

Howard (Travis).— La pathologie de l'herpès labial et nasal et de l'herpès cutané au cours de la pneumonie, leur relation avec l'herpès zoster.

Huchard. — Endocardite infectieuse pneumonique (*Soc. méd. des hôp.*, 7 avril 1893).

Huchard et Bergougnan. — Anévrysme latent de la crosse de l'aorte avec pneumonie massive et nécrosante gauche par compression du pneumogastrique (*Soc. méd. des hôp.*, 15 novembre 1901).

Huguenin. — De la présence de bacilles tuberculeux dans le sang de fœtus (*Centralblatt fur Bakt.*, t. I. XLVIII, 19 décembre 1908, p. 394-396)

Isaeff. — *Ann. Inst. Pasteur*, 1900.

Jaccoud. — Angine à pneumocoques (*Journ. de méd. et de chir. pratique*, 10 mars 1891 ; *Bull. méd.*, 11 novembre 1891 ; *Semaine médicale*, 18 juillet 1893).

— Méningite cérébro-spinale consécutive à une endocardite primitive à pneumocoques (*Semaine médicale*, 24 février 1886).

Jousset (A.). — Bacillémie tuberculeuse (*Semaine médicale*, 14 septembre 1904).

Judy. — Mugetto mycologia i metastasia, Firenze, 1896.

Juergensen. — Zeunssens Clyclopedia of the practice of medicine, New-York, 1875, 12-32.

Kamme (M.) (Strasbourg). — Dangers que courent les porteurs de bacilles typhiques (*Munchen med. Woch.*, 18 mai 1909, 1011-1016).

Kannenberg et Zunger. — Organismes pathogènes dans les urines (*Thèse* de Paris, 1892).

Kearney. — Pneumonia closely simulating typhoïd fever (*Arch. de pédiatrie*, New-York, 1893, p. 680).

Kelling (Dresde). — Pneumonies survenant à la suite des opérations abdominales. XXXIVe Congrès Soc. all. de chirurgie (*Semaine médicale*, 1905, p. 212).

Keippel. — Traitement de la pneumonie aiguë (*Arch. gén. de méd.*, 17 février 1903).

Kerr (James). — Ulcères cornés d'origine pneumococcique *Bradford Chemic Society*, 16 janvier 1900 ; *Lancet*, 17 février 1900).

Knepper. — The pathology and treatment of senil pneumonia (*Fort Wayne Medic. Journ.*, mai 1903).

Kotzkine. — Contagion et épidémies de pneumonie (*Rouskala Med.*, 1894, n° 14).

Kuss (G.). — Hérédité parasitaire de la tuberculose humaine. Tuberculose fœtale (*Thèse* de Paris, 1898).

Labbe (Marcel) et Rosenthal. — Splénopneumonie à forme de pleurésie interlobaire à pneumocoques (*Soc. méd.* de Paris, 9 oct. 1908).

Laboulbène. — Pneumonie érysipélateuse (*Acad. de méd.*, 18 février 1890).

Laffargue. — Fièvre ortie d'origine pneumococcique (*Soc. méd. des hôp.* de Lyon, 30 mars 1909).

Lafforgue. — Septicémie pneumococcique et phagocytose (*Soc. de biol.*, 8 juillet 1905).

— Septicémie pneumococcique (*Soc. de biol.*, 1905, t. II, p. 114).

— Procédé économique d'hémoculture (*Soc. de biol.*, 24 octobre 1908).

— Recherches sur la bacillémie tuberculeuse (*C. R. Soc. de biol.*, t. LXVII, p. 96, 10 juillet 1909).

— Angine à pneumocoques au début de la scarlatine (*Trib. médic.*, 1909, 11 septembre, n° 37).

Lander Brunton. — Sur l'emploi du chlorure de calcium (*Britsh Medic. Journ.*, 1907,.

Landi (de Pise). — Diplococcémie et séro-diagnostic de la pneumonie. Congrès de méd. int. italienne, octobre 1901 (*Semaine médicale*, 1901, p. 375).

Landi et Cionini. — Présence du pneumocoque dans le sang (*XIe Congrès de la Soc. de méd.*).

Landouzy. — Typho-bacillose (*Cliniques de la Charité*, 1883, 1884, 1885, 1886 ; *Semaine médicale*, 3 juin 1891 ; *Congrès de la tuberculose*, 1891 ; *Presse méd.*, 24 octobre 1908).

Landouzy et Loederich. — Sur une forme subaiguë de septicémie tuberculeuse (*Presse méd.*, 29 juillet 1908, n° 61).

Landstein. — Pyélite à Friedlander au cours d'une septicémie à pneumobacilles (*Gazzeta Sekaiaska*, 1899, n° 40, p. 1039).

Lantier et Mauriac. — Endocardite ulcéro-végétante pneumococcique. Présence de pneumocoques dans les végétations (*Journ. de méd.* de Bordeaux, 4 septembre 1910).

Le Gendre. — Pneumonie récidivante (*Soc. méd. des hôp.*, 30 juin 1905).

— Pneumonie droite apyrétique succédant immédiatement à une pneumonie gauche régulière : double crise urinaire (*Soc. méd. des hôp.*, 30 juin 1905).

— Dacryoadénite avec sinusite fronto-maxillaire d'origine grippale (*Soc. méd. des hôp.*, 8 mars 1905).

Lemierre (A). — Ensemencement du sang pendant la vie (*Thèse* de Paris, 1904).

Lemierre et Faure-Baulieu. — Septicémies à gonocoque.

Lemoine. — Pneumonie du vieillard (*Nord médical*, 15 août 1900).

Lemoine de Lille. — Splénopneumonies et congestions grippales (*Presse méd.*, 24 avril 1898).

LENHARTZ. — Die septischen Erkrankungen (*Encyclopœdia von Nothnagel*, t. III, fasc. 3).

LÉPINE. — L'hépatisation pneumonique dite centrale est-elle une réalité ? (*Rev. de méd.*, 10 mai 1899).

— De l'hémiplégie pneumonique (*Thèse* de Paris, 1870).

LEROUX. — Arthrite à pneumocoques, Paris, J. Rousset, 1899.

LESAGE. — Épidémie de septicémie pneumococcique chez le nourrisson. Septicémie suraiguë (*Soc. méd. des hôp.*, 9 mars 1900).

LESAGE. — De la dyspepsie et de la diarrhée verte chez les enfants du premier âge (*Rev. de méd.*, p. 1009, 1887).

LESIEUR (Ch.). — Valeur relative de l'hémoculture négative dans la pneumococcie (*Soc. méd. des hôp.* de Lyon, 30 mars 1909; *Lyon médical*, 2 mars 1905, p. 950).

LETULLE et LECONTE. — Pneumonie grave avec complications suppurées (*Soc. méd. des hôp.*, 19 novembre 1909).

LETULLE et NATTAN-LARRIER. — Contribution à l'étude du poumon palustre. Sclérose paludéenne du sommet (*Journ. de physiol. et de path. génér.*, 15 juillet 1909).

LETULLE et LEMIERRE. — Septicémie à pneumo-bacilles de Friedlander (*Soc méd. des hôp.*, 11 décembre 1903).

LICHTEMBERGER. — Contribution expérimentale à l'étude des pneumonies consécutives à la narcose (*Munchen Med. Woch.*, 20 novembre 1906).

LIPPMANN. — Le pneumocoque et la pneumococcie, 1900, p. 67.

LITTEJOHN. — Latent pneumonia (*Edinburgh Med. Journ.*, 1902, n° 4).

LITTEN. — Pneumonie par contusion (*Soc. med. int.* de Berlin, 18 février 1907).

LŒPER. — Leucocytose et équilibre leucocytaire dans la pneumonie franche (*Arch. de méd. exp. et d'anat. path.*, 1899, p. 724).

LOHLEIN. — Streptothrixpiagie und Bronchopneumonie (*Zeit. fur Hygiene*, t. LXIII, 14 mai 1909).

LONDE (P.). — Auto-infection broncho-intestinale chez le nouveau-né (*Presse médicale*, 4 mars 1908, p. 147).

LOP. — Soc. obstétrique de Paris, juillet 1900.

LOP et BONUS. — Pneumococcie aiguë généralisée (*Gaz. des hôp.*, 1900, p. 1091).

LOOS. — Anchylostome sur la peau, 1898.

LOUD (P.). — Auto-infection broncho-intestinale chez le nourrisson (*Presse méd.*, 4 mars 1908; p. 147).

LUZZATO. — Pneumonie grippale chez l'enfant (*Jahrbuch fur Kinderkeit*, 1900).

LOVERA. — Observations sur les rechutes dans la pneumonie fibrineuse (*Gaz. degli ospedali*, 18 octobre 1903, p. 1315).

MACALISTER. — Traitement de la pneumonie (*Liverpool Med. Institution*, 17 février 1900).

MACÉ. — Étude sur les érythèmes. pneumoniques chez l'enfant (*Thèse* de Paris, 1896).

MACÉ et SIMON. — Broncho-pneumonie au cours des gastro-entérites infantiles (*Revue de clinique et de thérapeutique*, 1892).

MARAGLIANO. — Quelques cas de pneumonies traités par le sérum anti-pneumonique de De Renzi (*Acad. roy. méd.* de Gênes, 7 février 1898).

MARCHOUX (E.). — Rôle du pneumocoque dans la pathologie et dans la pathogénie de la maladie du sommeil (*Ann. Inst. Pasteur*, mars 1899).

MARCLUSIS. — Congrès de méd. int. de Rome, octobre 1905 (*Gazetta degli ospedali*, 1906, n° 18).

MARFAN. — Pneumonie infantile (*Semaine médicale*, 1900, p. 27, 29, 95, 97).

MARIE (Pierre). — Traitement de la pneumonie par la levure de bière (*Soc. méd. des hôp.*, 18 mai 1900).

MARTIN. — Pneumonie des vieillards (*Thèse* de Nancy, 1888).

MARTINET. — Pneumonie à forme intermittente (*Presse méd.*, 1907, p. 363).

MASCAREL. — Mémoire sur le traitement de la pneumonie des vieillards (*Gaz. méd.*, 1840).

MATTON. — Pneumonie du fœtus des mères atteintes de pneumonie (*Journ. de méd.* de Bruxelles, 1872, p. 412).

MAYER (E.). — Un cas d'angine à pneumo-bacilles de Friedlander (*Arch. fur Laryngol. und Rhinol.*, Berlin 1900).

MAYER (G.). — Recherches sur la pneumonie infectieuse du cheval.

MEMMI. — Diplococcémie dans la pneumonie (*Riforma medica* n° 7, 17 février, 1906, p. 169-175).

MÉNÉTRIER. — Pneumococcie pseudo-membraneuse broncho-pulmonaire chez un enfant de deux ans (*Soc. méd. des hôp.*, 9 décembre 1904).

— Grippe et pneumonie (*Thèse* de Paris, 1887).

MÉNÉTRIER et MALLET. — Pneumococcie pharyngée ulcéreuse chez un enfant de treize mois (*Trib. méd.*, n° 36, 4 septembre 1909).

MÉNÉTRIER et TOURAINE. — Pneumonie du fœtus (*Bulletin et Mémoires Soc. méd. des hôp.*, 1907, p. 199).

MEUNIER. — Pneumonie du vague (*Thèse*).

MENNES. — Sérum antipneumococcique (*Zeitschrift fur Hygiene*, Bd. XXV, p. 443, 1897).

MICHAELIS. — Endocardite ulcéreuse aiguë du chien produite par injection du pneumocoque (*Soc. méd.*, Berlin, 1895).

MICHELAZZI. — Influence du microcoque tétragène dans le processus tuberculeux du poumon. Recherches bactériologiques et expérimentales (*Riforma medica*, 1902, vol. IV, p. 158, 170, 182 et 194).

MICHELI. — Polmonite lobarie a tipo tifoido (*Revista de clinica med.*, n° 36, 26 juillet 1902).

MINOKAWA. — Genèse des corps amylacés pulmonaires de l'homme (*Virchov's Archives*, 9 mai 1909).

MIRONESCU. — Sur la prétendue origine intestinale de la pneumonie. Bucarest (*Soc. de biol.*, 22 décembre 1906).

MOIZARD. — Encéphalopathie pneumonique (*Journ. de méd. et de chir. pratiques*, 25 septembre 1896).

MOREL et DALOUS. — Pneumococcies. — Tuberculose pulmonaire à forme pneumococcique (*Arch. génér. de méd.*, n°39, 25 septembre 1906).

MORELY. — Œdème aigu du poumon (*Gaz. des hôp.*, 1897, n° 113).

MOSNY. — Vaccination et guérison de l'infection pneumonique expérimentale et de la pneumonie franche de l'homme (*Arch. gén. de méd. expér.*, 1893, p. 259).

— Broncho-pneumonie érysipélateuse (*Arch. gén. de.méd. expér.*, 1890, p. 272).

— Études sur la broncho-pneumonie (*Thèse* de Paris, 1891 ; *Arch. de méd. expér.*, 1892, n° 2).

MOUSSET. — Hémiplégie pneumonique. Œdème central renfermant le pneumocoque (*Soc. méd. des hôp.* de Lyon, 27 octobre 1897).

MOUSSET et CHALIER. — Complications rénales de la pneumonie (*Lyon médical*, 23 mai 1909, p. 1037).

MOUTARD-MARTIN. — Pneumonie des vieillards (*Rev. de méd.*, février 1844).

MOUTARD-MARTIN et THAON. — Deux cas de pneumonies traités par le collargol (*Soc. méd. des hôp.*, 2 janvier 1903, p. 1151).

MOUTIER. — Septicopyémie à pneumocoque (*Gaz. des hôp.*, 1906, n° 28).

MUNTHE. — Infection pneumococcique de l'estomac (*Soc. méd. int.* de Berlin, 15 juin 1908).

NETTER-ARNOLD. — Chlorure de calcium dans la pneumonie. Justification de son emploi (*Soc. de biol.*, 20 avril 1907).

— A propos des pneumonies simultanées (*Soc. méd. des hôp.*, 6 novembre 1908).

— De l'endocardite végétante ulcéreuse d'origine pneumonique (*Arch. de physiol. normale et path.*, 1886, 1re semaine, p. 106 à 161).

— A l'occasion d'un cas de pneumonie et de bronchite fétide à la suite d'une tentative de submersion (*Soc. méd. des hôp.*, 4 mai 1906).

— Méningite cérébro-spinale suppurée épidémique à pneumocoques (*Soc. méd. des hôp.*, 6 janvier 1889).

— Présence fréquente de pneumocoques virulents dans la bouche de sujets convalescents d'érysipèle de la face (*Soc. méd. des hôp.*, 20 juillet 1894).

NEW. — Pneumonia as influencing by senality and alcoolisme (*Charlotte Med. Journ.*, 1904).

NICOLLE et HEBERT. — Angine à pneumobacille de Friedlander (*Rev. génér.*, 19).

NOCARD. — Rôle prédominant des voies digestives dans l'étiologie de la morve.

NOCARD et ROSSIGNOL. — Difficultés d'infecter le poumon par les inoculations intra-trachéales (*Rev. vétérinaire*, 1901, p. 170).

NOCARD et ROUX. — Péripneumonie des bovidés (*Ann. Inst. Pasteur*, 1898).

NORRIS (Charles) et JOHN LARKIN. — Deux cas de broncho-pneumonie gangreneuse causés par un streptothrix (*The Journ. of exper. med.*, 1900, 25 octobre, t. V, n° 2, p. 155).

North (J.). — To bleed or not to bleed in pneumonia (*Toledo med. and surg. Reporter*, 1893).

Oliva. — Rhumatisme et pneumococcie (*Gaz. delle ospedali*, n° 60, 1896).

Ollive. — Sinusite fronto-maxillaire à pneumocoques (*Gaz. méd.* de Nantes, n° 30, 24 juillet 1909, p. 607).

Paessler. — Sérothérapie de la pneumonie (*Med. Gesellsch. in Leipzig*, 19 juillet 1904).

Palier. — A few words concerning mice and pneumonia (*New-York, Med. Record*, janvier 1906).

— Rôle joué par la souris dans la propagation des maladies à diplocoques et à colibacilles, New-York (*Presse méd.*, 11 septembre 1909, p. 577).

— Pneumonie erratique (*New-York Med. Journ.*).

Pane. — Communication à l'Académie médico-chirurgicale de Naples sur son sérum, 14 mars 1897 (*Centralblatt fur Bakt.*, 27 mai 1897).

Pawlowsky (A.-B.) (Kiew). — Sort de quelques microbes pathogènes après leur pénétration dans l'organisme : jointures, œil, cavité buccale, canal intestinal et vagin (*Zeit. fur Hygiene*, t. LXII, fasc. 3, 26 mars 1909, p. 433).

Pemberton (R.) et Edsall. — Radiothérapie contre les pneumonies à résolution lente (*Semaine médicale*, 20 février 1907, p. 93).

Piot. — Pneumonie et appendicite (*Arch. de méd. et pharmacie militaires*, août 1904, p. 132).

Pfaundler. — Abolition du réflexe rotulien dans la pneumonie fibrineuse chez l'enfant (*Munchen Med. Wochen.*, 22 juillet 1902).

Plehn. — Pneumonie par contusion ; discussion (*Soc. méd. int.* de Berlin, 4 mars 1907).

Powell (Douglas). — Progrès récents de la médecine pratique. T. pneumonie (*Lancet*, 1901, p. 324).

Pratt (J.-A.). — L'amygdale et le tissu adénoïdien, portes d'entrée des infections (*New-York Med. Journ.*, 7 août 1909).

Prochaska. — *Deutsche medic. Wochenschrift*, Leipzig 1902, p. 373).

— Examen bactériologique du sang dans la pneumonie (*Centralblatt fur Innere Med.*, n° 46, novembre 1900).

Proust. — Pneumonie traumatique (*Thèse* de Paris, 1884).

Queyrat. — Spléno-pneumonie maladie franche (*Gaz. des hôp.* de Paris, 1892, p. 655-664).

Rabaut. — De la pneumonie chez l'enfant au-dessous de deux ans (*Thèse* de Paris, 1902).

Rat. — Pneumonie des vieillards (*Thèse* de Paris, 1845).

Rathery. — Hémorragie intestinale dans un cas de pneumonie (*Soc. méd. des hôp.*, juillet 1901).

Raw (Nathan). — Pathologie et traitement de la pneumonie. Liverpool Med. Institution (*Lancet*, 17 février 1900).

RAYBAUD. — Des formes prolongées de la pneumonie lobaire chez l'enfant (*Comité médical des Bouches-du-Rhône*, 14 février 1909).

REMLINGER. — Pathologie de l'anthracose pulmonaire (*Soc. de biol.*, 22 décembre 1906).

— Contribution à l'étude du splénotyphus et des pleurésies à bacilles d'Eberth (*Rev. de méd.*, 10 décembre 1900).

RENARD. — Broncho-pneumonies des gastro-entérites (*Thèse* de Paris, 1892).

RENDU. — Mort rapide au décours d'une broncho-pneumonie grippale (*Soc. méd. des hôp.*, 9 juin 1893).

— Pneumonie érysipélateuse à point de départ conjonctival (*Soc. méd. des hôp.*, 9 décembre 1892).

— Angines à pneumocoques (*Bull. méd.*, 1891, p. 449-455).

— Pneumonie avec méningite cérébro-spinale (*Soc méd. des hôp.*, 12 mai 1899).

RENDU et BOULLOCHE. — Angine à pneumocoque (*Soc. méd. des hôp.*, 8 mai 1891, p. 219).

RENON et GÉRAUDEL. — Névrite post-pneumonique (*Arch. génér. de méd.*, 17 février 1903).

RIMBAUD. — Pneumonie des vieillards, Revue générale (*Gaz. des hôp.*, 1908, p. 547).

RIST et RIBADEAU-DUMAS. — Abcès du foie et angiocholite au cours de septicémies expérimentales à microbes anaérobies (*Soc. de biol.*, 1907, t. II, p. 538).

ROBIN. — Effet de solutions métalliques très faibles sur le métabolisme, en particulier dans la pneumonie (*Acad. de méd.*, 6 décembre 1904 et 4 décembre 1906).

ROBIN. — Note sur les ferments métalliques. Leurs effets dans la pneumonie (*Acad. des sc.*, 22 mars 1904).

ROBIN et TEISSIER. — Pneumonie des vieillards (*Gaz. méd.*, Paris, 17 mai 1890).

ROGER (H.). — Oosporoses (*Presse méd.*, 1909, 16 et 23 juin, nos 48 et 50).

— Pneumonie au cours de l'érysipèle (*Gaz. des hôp.*, 1894, n° 82).

— Sérum antipneumonique (*Ann. Inst. Pasteur*, 1909).

ROGER et GARNIER. — Recherches expérimentales sur l'occlusion intestinale (*Soc. de biol.*, 7 avril 1906, p. 666).

ROMER. — Tuberculose cavitaire expérimentale du poumon (*Berliner Klin. Woch.*, 3 mai 1909).

ROMMELAERE. — Sur un cas de pneumomycose chez l'homme (*Acad. méd. de Belgique*, 30 novembre 1895).

ROSE (C.). — Une épidémie de pneumococcie semblable à l'influenza (*Munch. Med. Woch.*, 4 novembre 1909, n° 44, p. 2257).

ROSENOW. — Étude expérimentale des pneumocoques et staphylocoques dans certains cas d'endocardite chronique (*Journ. of int. diseases*, t. VI, avril 1909, p. 245).

Rosenthal (G.). — Nouveau cas de broncho-pneumonie (*Rev. de méd.*, 10 avril 1908).

— Recherches bactériologiques et cliniques sur quelques cas de broncho-pneumonie aiguës (*Thèse* de Paris, 1900).

— Pneumonie atypique avec méningite (*Munchen med. Woch.*, n° 42, 18 octobre, 1898, p. 1329).

Roussel. — Contribution à l'étude des paralysies pneumoniques (*Thèse* de Paris, 1896).

Sabatier. — Contribution à l'étude des localisations extra-pulmonaires primitives du pneumocoque. Diplococcie du tissu cellulaire sous-cutané.

Sabrazes et Chambrelent. — Passage de la mère au fœtus du streptocoque de l'infection puerpérale (*Soc. anat. et physiol.* de Bordeaux 27 février 1893).

Sabrazes, de Batz et Breugues. — Action des produits solubles d'un streptothrix, et sur les infections produites par l'*Actinomyces farcinus* Nocard sur la marche de la tuberculose expérimentale (*Soc. de biol.*, 25 novembre 1899, p. 229).

Sabrazes, Eckenstein et Muratet. — Septico-pyohémie tuberculeuse. Présence du bacille dans le sang circulant (*Soc. de biol.*, 21 mai 1909, t. LXVI, n° 17, p. 803).

Sacquepée et Chevrel. — Pouvoir pathogène du bacille paratyphique par ingestion (*Soc. de biol.*, 1905, p. 604).

Sacquepée et Loiseleur. — Infection sanguine autogène et hétérogène chez les animaux en état de moindre résistance (*Soc. de biol.*, p. 988).

— Infection sanguine autogène et hétérogène chez l'animal à l'état normal (*Soc. de biol.*, p. 946).

— Infection sanguine chez les animaux. Influence de la virulence, p. 1057. Année 1907.

Salomon. — Contribution à l'étude de l'hémiplégie pneumonique (*Thèse* de Paris, 1893-94).

Schimmelbusch. — Uber Desinfection septisch inf. Munden (*Fortschrifte der Med.*, n°s 1 et 2, 1895).

Schimmelbusch et Ricker. — Uber bakterien Resorption in den Frischen-wimden (*Forts. der Med.*, p. 789).

Schottmuller. — Étiologie de la pneumonie (*Munch. Med. Woch.*, 25 juillet 1905).

Sebileau (Pierre). — Sur les différentes formes de la septicémie buccale (*Presse médic.*, 2 février 1901).

Segre. — Sulle artriti da pneumococco (*Gaz. degli ospedale*, 1905, n° 154).

Seidel. — Pathogenese Complication und Therap. d. Greisenk, Berlin, 1903.

Sevestre. — Broncho-pneumonie infectieuse d'origine intestinale (*Soc. méd. des hôp.*, janvier 1887).

— Forme de la broncho-pneumonie infectieuse d'origine intestinale

(*Progrès médical*, 1889 ; *Soc. méd. des hôp.*, 14 janvier 1887).
— Méningite à pneumocoques (*Soc. méd.*, 1898, p. 268).

SIMON et HANS. — Anticorps tuberculeux dans le sérum humain (*Soc. de biol.*, t. LXVI, p. 407).

SIMOND. — Propagation de la peste (*Ann. Inst. Pasteur*, octobre 1898).

SIREDEY et COUDERT. — Infection pneumococcique (*Soc. méd. des hôp.*, 28 novembre 1902).

SIRUGUE. — Méningite et pneumonie (*Thèse* de Paris, 1875 : observation XXI, p. 37).

SKODA. — La pneumonie, maladie générale (*British Med. Journ.*, 4 novembre 1899, p. 1268).

SOUQUES (A.). — Pneumonie contusive (*Presse méd.*, 3 mars 1900).

SPITTA (H.-R.-D.). — A case of general pneumonic infection in a child of seventeen months with bacteriological report (*British Med. Journ.*, 1902, p. 1579).

STACKLER. — Broncho-pneumonie érysipélateuse (*Thèse* de Paris, 1881).

STADELMANN. — Pneumonie par contusion (*Soc. méd. int.* Berlin, 4 mars 1907, et *Semaine médicale*, 1907, p. 132).

STEPHAN. — Paralysie pneumonique de Hollande (*Rev. de méd.*, 1889).

STEPHENS. — Iodure de calcium dans la pneumonie (*Brit. med. Journ.*, 6 avril 1907).

STEPHENSON (John). — Épidémie de pneumonie à Peshawar (*Lancet*, 13 juin 1898, p. 1630).

STUMPF. — De la mortalité de la pneumonie (*Naderl. Tijdschr. Voor Geneesk.*, 1901, n° 31).

TALAMON. — Zona pneumonique (*Soc. méd. des hôp.*, 1901, p. 361).

TARCHETTI. — Épidémie familiale de pneumonie (*Gaz. degli ospedali et delle clinice*, 27 mars 1904, p. 385).

TAYLOR (F.-R.-C.-K.). — Discussion au Congrès de la British Medical Assoc. à Ipswich, août 1900.

TCHISTOVITCH. — Contribution à l'étude de la pathogénie de la crise dans la pneumonie fibrineuse (*Ann. Inst. Pasteur*, 1904, p. 305).
— Contribution à l'étiologie de la pneumonie et le rôle de la phago-cytose au cours de la pneumonie (*Gaz. des hôp. de Bokkine*).

TERRIEN (E.). — Mort subite ou rapide dans la pneumonie de l'enfant (*Rev. mensuelle des maladies de l'enfance*).

TESSIER (P.). — Infections sanguines secondaires dans la tuberculose pulmonaire ulcéreuse chronique. XIIIe Congrès de médecine, Paris, 1900 (*Soc. pathol. gén.*).
— Pénétration dans le sang de micro-organismes d'infection secondaire au cours de la tuberculose pulmonaire chronique (*Journ de physiol. et path. gén.*, 1901, p. 223).

THAON. — Pneumonies tuberculeuses. Leur évolution sous l'influence du bacille (*Soc. de biol.*, 1885, p. 502).

THACHER. — Septicémie à pneumocoques (*Ann. Journ. méd.*, 4 novembre 1905).

THIBION. — Parotidite suppurée gonococcique chez un vieillard (*Journ. des soc. méd. de Lille*, 1904).

THIROLOIX. — Pneumonie chez le vieillard. Emploi du collargol en injections intraveineuses (*Journal des praticiens*, 15 janvier 1903).

THOMAS HARRIS. — Sur la pneumonie consécutive aux contusions de la poitrine et sur l'éclosion possible de la tuberculose pulmonaire comme suite à un traumatisme (*Lancet*, 1898, 16 avril, p. 1045).

TIRARD (Nestor). — Nature et variété de la pneumonie des enfants (*Lancet*, 11 août 1900).

TIRQUET, LIEBERMEISTER, FIC et TALLABÈRE. — Caractères latents de la méningite des pneumoniques (*Lyon médical*, 14 novembre 1909, p. 833).

TIZZONI et PAINCLU. — Pneumocoques subsistant à l'état latent dans le sang (*Berliner. Klin. Woch.*, 12 octobre 1908).

TOLLEMER. — Pneumonie à bacilles typhiques (*Soc. de pédiatrie*, 8 janvier 1901).

TORDENS. — Kératomégalie au cours de la pneumonie infantile (*Journ. de la Soc. des sc. de Bruxelles*, 23 novembre 1895, n° 47 et *Clinique* de 1896).

— Sur une forme particulière de la pneumonie lobaire (Bruxelles, *Clinique* de 1893, p. 465).

TOUPET. — Pneumo-typhus (*Gaz. des hôp.*, 1887, n° 151).

TRIBOUDET, L. RIBADEAU-DUMAS et MÉNARD. — Méningite à pneumocoques mortelle (*Soc. méd. des hôp.*, 13 novembre 1908, p. 519).

TROISIER (Jean). — Ictère et urobilinémie hémolytique au cours de la pneumonie (*Soc. de biol.*, 3 juillet 1909).

TROISIER (Jean) et G. ROUX. — Localisation de la toxine tétanique dans la région bulbo-protubérantielle (*Soc. méd. des hôp.*, 12 novembre 1909).

TYSON. — Clinical types of pneumonia (*Lancet*, juin 1897).

UCKMAR. — Sur une forme spéciale de stomatite dans un cas de pneumococcie suivi d'arthrite scapulo-humérale (*Gaz. degli ospedali et clinici*, 12 juin 1898).

VALAGUSSA. — Pneumonie lobaire récidivant à longs intervalles (*Ospedali clin.*, 10 avril 1904).

VALLÉE. — Genèse des lésions pulmonaires dans la tuberculose (*Ann. Inst. Pasteur*, 1905).

— Des tuberculoses occultes (*Recueil de médecine vétérinaire*, 15 février 1909, p. 10).

VANSTEENBERGHE et GRYSEZ. — Origine intestinale de l'anthracose pulmonaire. Travaux de laboratoire de Calmette (*Ann. Inst. Pasteur*, 1905, p. 787).

VARIOT et CHICOTOT. — Nouvelles observations pour servir au diagnostic de la pneumonie franche chez l'enfant par la radioscopie (*Soc. méd. des hôp.*, 1901, p. 12).

VERHOOGEN. — La pneumonie des vieillards (*Thèse* de Paris, 1903-04).

Vidal. — Complications de la blennorragie dans l'appareil respiratoire (*Arch. de méd. et de pharmacie militaires*, décembre 1909).

Vidal d'Hyères. — Pneumonie et herpès (*Gaz. des hôp.*, 1900, p. 943).

Villard (H.). — Bactériologie des bronchopneumonies (Rev. génér., *Montpellier médical*. Supplément 1893, p. 1003-1015).

Vincent. — Action favorisante de l'hyperthermie et des solutions hypertoniques de chlorure de sodium à l'égard des infections (*Soc. de biol.*, 1907, p. 990).

Vincent et Bellot. — Porteurs de méningocoques et la prophylaxie de la méningite cérébro-spinale par la désinfection de leur nasopharynx (*Soc. méd. des hôp.*, 1909, n° 26, p. 184-188).

Viti. — *Arch. ital. de Pédiatrie*, 1890, p. 188.

Wallace (M.). — Pneumonie septique consécutive à un mal de gorge (*Lancet*, 15 février 1898, p. 416).

Wardworth. — Experimental studies on the etiology of acute pneumonia (*Americ. Journ. of med. sc.*, mai 1904).

Wasbourn. — Congrès de la British Medical Assoc. à Cheltenham (*Lancet*, 17 août 1901, p. 475).

Wassermann. — Pneumocokkoenschustzoffe (*Deutsche Med. Woch.*, n° 9, 1899).

— Les antitoxines pneumococciques (*Presse méd.*, 1899, p. 175).

— Antitoxines pneumococciques (*Deutsche Med. Woch.*, 1899, n° 9, p. 141).

Wehrsig. — Septicémie par le bacille de Friedlander avec lésions pulmonaires (*Berliner Klin. Woch.*, 1er avril 1909).

Weichselbaum. — Allbut's systen of medicine, vol. V, p. 113).

Weill. — Précis de médecine infantile, 1905.

Weill. — Signes précoces de la pneumonie infantile (*Semaine médicale*, 1901, p. 179).

Weill et Mouriquand. — Typho-bacillose de Landouzy et localisations pleuro-pulmonaires tardives de l'infection tuberculeuse aiguë chez l'enfant (*Presse méd.*, 27 novembre 1909).

Weisbecker. — Sérothérapie de la pneumonie (*Munchen Med. Woch.*, 1898, 15 et 22 février, n°s 7 et 8, p. 202 et 238).

Western. — Traitement des affections bactériennes par les vaccins (*Lancet*, 16 et 23 novembre 1907, p. 1375 et 1449).

Widal. — Arthrite et synovite primitive à pneumocoque (*Semaine médicale*, 1898, p. 216).

— Arthrite métatarsophalangienne à pneumocoque et péricardite purulente (*Soc. méd. des hôp.*, 24 janvier 1896).

Widal et Bezançon. — Nécessité de revision des angines dites à streptocoques (*Soc. méd. des hôp.*, 13 mars 1896).

Widal et Bruhl. — Pneumotyphus (*Soc. méd. des hôp.*, 1897).

Widal, Gadaud et Lemierre. — Présence du pneumocoque dans le sang des pneumoniques (*Soc. méd. des hôp.*, 3 avril 1903).

Widal et Lesné. — Arthrite et synovite à pneumocoques. Rhumatisme chronique préalable. Guérison spontanée (*Soc. méd. des hôp.*, mai 1898).

Wilder Tileston (Boston). — Tuberculose miliaire disséminée de la peau, porte d'entrée de la tuberculose miliaire généralisée infantile (*Arch. of internal medicine*, 15 juillet 1909, vol. IV, n° 1, p. 21-31).

Wonfield, T. Longcope. — Développements récents sur l'étiologie de la pneumonie dans la jeunesse (*Journ. of the Amér. medic. Assoc.*, 14 octobre 1905, p. 1151).

Zahor et Zweifel. — Untersuchungen uber das vorkommen von spaltpilsen in Normale Thierischen. Gibtes im Gesunden lebeiden Organismus-Faulinskeine.

Zavadier. — Agent colloïdal dans la pneumonie septique (*Edimburg méd. Journ.*, septembre 1903, p. 254, 255).

Zeehuisen. — Pneumonia catarrhalis lobi posterioris pulmonis sinistri optis media duplex en meningitus purulenta Statst overs de C H (*Nederl. Lager behand Zieken*, 1891-92 leiden, p. 270-274).

Zuber. — Septicémies pn eumococciques (*Thèse* de Paris, 1896).

TABLE DES MATIÈRES

LIVRE SECOND

ÉTUDE ANATOMO-PATHOLOGIQUE.

LIVRE TROISIÈME

ÉTUDE EXPÉRIMENTALE.

LIVRE QUATRIÈME

DÉMONSTRATION DE L'ORIGINE SANGUINE DES PNEUMOPATHIES PAR LES MÉTHODES DE LABORATOIRE.

LIVRE CINQUIÈME

ESSAI DE PATHOGÉNIE GÉNÉRALE DES MALADIES DU POUMON.

LIVRE SIXIÈME

CONSÉQUENCE DE L'ORIGINE SANGUINE POUR LE PRONOSTIC
ET LA THÉRAPEUTIQUE DES MALADIES DU POUMON.

11998-10. — CORBEIL. IMPRIMERIE CRÉTÉ.

9 782013 030472